赤ちゃん犬の しつけと育て方

監修・杉浦 基之
（杉浦愛犬・警察犬訓練所所長）

主婦と生活社

Welsh corgi pembroke

ウェルシュ・コーギー・ペンブローク

Jack russell terrier

ジャック・ラッセル・テリア

Hello!

赤ちゃん犬

あえてよかった
大好き！

Mix《ミックス》

すやすや

Dalmatian《ダルメシアン》

Pug パグ

大好き！赤ちゃん犬

Shetland sheepdog シェットランド・シープドッグ

Miniature schnauzer ミニチュア・シュナウザー

キャバリア・キング・
チャールズ・スパニエル
Cavalier king charles spaniel

ポメラニアン
Pomeranian

Shiba 柴

将来は
哲学者になりたい…。

バセット・ハウンド
Basset hound

ブランケットが
お気に入り

Golden retriever《ゴールデン・レトリバー》

もぐもぐ

ミニチュアダックスフンド

Miniature dachshund

第8章 赤ちゃん犬の健康管理 149〜159

とっておきの
仲よしになろう！

第1章

赤ちゃん犬の世界

赤ちゃん犬と仲よくなるには、まず、犬がどういう動物か
知ることが大切。ことばはしゃべれないけれど、鳴き声や尻尾、
さまざまなポーズでいつも何かを語りかけているのです。

赤ちゃん犬と話そう

しぐさと行動で赤ちゃん犬の気持ちを理解しましょう

尻尾、耳、泣き声、ポーズ……。赤ちゃん犬はいつもあなたに話しかけています。ことばはしゃべれませんがいっしょうけんめいコミュニケーションしているのです。

元気？

元気？
すりすり

体を丸めて近寄ってきて、わき腹を押しつけます。

友好的な挨拶の仕方。こんなときはなでたりして挨拶をかえしましょう。

遊ぼう

前脚を突っ張るように前に出してお尻を突き出します。威嚇のポーズと似ていますが顔は穏やか。前脚を上げて立ち上がったり「ふせ」をする場合もあります。

あなたを遊びに誘っているサインです。

ねぇねぇ
あそぼーよ!!

あなたが好きです

くすぐったいよ

飛びついてきたり顔をなめます。

場合によっては迷惑になるこの仕草は典型的な好意の表われ。精いっぱい愛情を表現しているのです。

気分は上々…

耳は自然な感じ。尻尾も自然に垂れ下がりゆっくり振っています。のどをならすような声で鳴きます。

気分もリラックス。ナチュラルなこの状態は機嫌がよい証拠。

すごくうれしい

尻尾を左右180度に大きく振っています。ピョンピョン飛び跳ねたり体をくねらせたりして、ワンワンと歯切れよく鳴きます。

体全体で喜びを表現しています。

嫌だ！

体をぶるぶると振るわせます。

思い通りにならないと体を振るわせて気持ちをコントロールします。

～して ほしい

鼻にかかった声でクンクン鳴いたり、クーンと甲高い声で甘えます。尻尾はたれさがっています。鼻をもち上げるときもあります。

何かを要求しています。ほえて要求するよりはましですが、要求をかなえてあげるときは、まず、何か命令してからにしましょう。

悲しい 痛い

クーン、クーンと悲しげな声。すがるような感じ。尻尾はたれさがっています。

叱ったあとでもないのにこんな調子だったら、体が痛かったり体調が悪い場合があります。そんなときは獣医さんのところへ行きましょう。

怪しいぞ

耳をピンと立てて音を聞き逃さないようにしています。尻尾を小刻みに動かして身構えます。うなるような緊張感がある鳴き方をします。

テリトリーへの侵入者などに警戒を感じています。

不安……

不安が増すにつれて尻尾が垂れ下がっていきます。落ち着きなく、匂いをかぎまわります。

トイレのサインと似ていますが、不安になると同じような仕草をします。

反省してます

背中を丸めて小さくなります。耳を倒して反省のポーズ。上目づかいに、ときどき、あなたの様子をうかがいます。

叱ったあととかに見られる仕草。罪悪感を感じています。叱ったあとなら、遊んで気分転換させます。

怖い

恐怖の度合いが高くなるほど、尻尾が下がっていきます。背中は弓なり、耳を後方に伏せて、体全体をすくめます。恐怖がエスカレートすると尻尾を両脚の間に巻き込んでいきます。尻尾を完全に股の間に巻き込んでブルブル震えはじめたら恐怖でいっぱい。

強そうな犬に会ったとき、カミナリが鳴ったとき等にみられる仕草。

従います

腹ばいになり「ふせ」の態勢になったり、仰向けになっておなかを見せます。失禁することもあります。

服従することを体で表現しています。失禁するのも従属のサインです。

ボクの方が偉いぞ

耳も尻尾もピンと立って、体を大きく見せようとします。堂々とした感じ。

優位性を示そうとしています。

これ以上怒らせると怖いよ

耳がピンと立ち、尻尾を左右に小刻みに振っています。ウーッとうなっておどします。

威嚇の初期段階。訪問者に向かって、あるいは、散歩の途中でこの態勢に入ったら、座らせたり食べ物で気をそらせます。

攻撃するぞ!

前脚を突っ張るようにふんばって身を低くし、背中から腰まで被毛を逆立てます。鼻にしわが寄り、歯を剥き出し、威嚇するようにウーッとうなってにらみます。

攻撃直前。これ以上刺激を受けると攻撃に入ります。

もっと仲よくしようよ

耳をかいたり、体をぶるぶる振るいます。そっぽを向いたりあくびします。

友好のサイン。もっと楽しくやろうよ、といった意味。

犬という動物

赤ちゃん犬が感じている世界

少なくとも一万二千年前からのパートナーである人間と犬。現代では、犬の役割はコンパニオンドッグとしての性格が強くなりましたが、もともとは、人間にはない能力を狩猟などのときに発揮していたのです。赤ちゃん犬が生きているのは、どんな世界なのでしょう?

犬はこんな世界に生きています

嗅覚

匂いを感じる細胞数は人間の約40倍。2億個前後あります。研究者によれば、約30億もの匂いを嗅ぎ分けることができるといいます(人間は約2000種)。

人間の匂いも感情の動きで変化します。犬はその鋭い嗅覚であなたの感情さえ察知するといわれています。

聴覚

音を感じる能力は人間の約4倍。32方向(人間の倍)からの音を聞き分ける犬種もあります。

立ち耳の犬種の場合、音が聞こえる方向に耳を向けることができます。

視覚

近眼で色盲に近いといえます。しかし、視野が広く（人間180度、犬200〜280度)、暗いところでも光が少しあればよく見ることができます。また、動いているものを見つけるのが得意。動いている物体であれば、止まっているものの約2倍先でもキャッチした報告があります。

味覚

味蕾（味を感じる部分）の数が人間より少ないため、味覚はかなり劣っています。「甘い」「酸っぱい」「塩辛い」「苦い」の4つの味しか感じることができません。

触覚

鼻先、耳、脚先、尻尾の先等、末端部分が敏感です。これらの部分には、神経が集中しています。

特に尻尾を痛めると立てなくなる場合もあるので、恐怖を感じると尻尾を両後ろ脚に巻き込んで守ろうとします。体のほかの部分は、これら末端部分に比べると痛覚が弱いといえます。

犬は群れの中で生きる動物です

犬の祖先が何かには諸説ありますが、「群れ」を作って生きていたのは確か。そのような生活スタイルから「群生本能」「権勢本能」「従属本能」の3つの本能を色濃くもつようになりました。

犬は社会的動物である

群れを作って協力してエサを捕ったり身を守ってきた犬たちは、「群れ」の中のメンバーと協調して生活する社会性をもっています。よいリーダーに巡り合えば喜んでその指示に従いますが、適当なリーダーがいないと感じると、その「群れ」がうまく機能するように自分がリーダーになろうとします。

人間の家族も「群れ」

人間と暮している犬もその家族を「群れ」と考えています。訪問者に対してほえるのは「群れ」に警戒しろと伝えると同時に、訪問者を威嚇して「群れ」を守ろうとしているのです。

人間の家族の中でもリーダーは誰かいつも意識し、適任者がいないと感じると自分がリーダーになろうとするのは同じです。

「権勢本能」と「従属本能」

リーダーや上位の人間には従属して忠誠を誓う（従属本能）一方、下位と見なす人間には従うことを求め権力を誇示します（権勢本能）。

「群れ」には秩序が必要なので、「群れ」を大切にする犬にとって、それは当たり前の行動です。

赤ちゃん犬も、誰が上か、そして、誰が下かをいつも観察しています。

第 2 章

かわいい赤ちゃん犬と出会うために

赤ちゃん犬の性格は、犬種によっても違うし、
その子なりのパーソナリティもあります。自分のライフスタイルにあった
赤ちゃん犬を選び、性格に合わせたしつけをしていきましょう。

赤ちゃん犬を探しに行きましょう

ペットショップ、ブリーダー、動物管理事務所等、赤ちゃん犬と出会う場所は幾つかあります。「かわいい」と衝動的に家に連れてこないで、今の飼い主さんや飼われている環境もきちんとチェックしましょう。

ペットショップ

日本ではペットショップで赤ちゃん犬を入手するのが一般的になっています。手軽に赤ちゃん犬を見ることができますが、ナイーブな赤ちゃん犬の生活環境として考えると過酷なことは事実。愛情を持って赤ちゃん犬を扱っているショップを選びましょう。

- 赤ちゃん犬がいる場所が清潔かどうかチェックします。また、飲み水が汚れていないか、エサが与えっぱなしになっていないかも確認しましょう。
- かわいいから売れると、親犬から離してもよい時期（7週齢頃）をまたずに連れて来てしまうショップも……。そうなると、親犬や兄弟犬との触れ合いが希薄なために、社会性が欠ける性格に育つことがあります。７週齢以下の赤ちゃん犬がいるショップは注意しましょう。

- アフターケア、保証書（あなたには責任がない原因で病気になったり死亡したときの保証）の有無をチェックします。

ブリーダー

よいブリーダーと知り合うことができれば、豊かな知識で大切に育てられた赤ちゃん犬と出会うことができます。珍しい犬種、血統のよい犬を飼いたい場合もブリーダーから入手するのが適しています。細かいアドバイスを受けることができることも利点。

- 確かな専門知識と経験を備えた人達も多いのですが、利殖のために人気犬種ばかり追いかけるブリーダーもいるので、きちんと質を見極めましょう。
- 飼われている環境が清潔かどうかチェックします。
- 親犬を見せてもらいましょう。そうすれば、赤ちゃん犬が大きくなったときの外観・性格を予想することができます。
- 大きくなったら実は雑種だったということもあります。血統書を必ず確認しましょう。

それぞれの犬種のクラブ団体にコンタクトすればブリーダーを紹介してくれます。

「里親捜し」「譲ります」コーナー

愛犬雑誌、市区町村の広報、スーパーや公民館の掲示板で、赤ちゃん犬の里親を探している人達がいます。飼い主さんが愛情をかけていて、7週齢まで母犬や兄妹犬と一緒にいた赤ちゃん犬なら理想的。訪ねる前に、見るだけでもよいかを確認しましょう。

動物管理事務所(各都道府県)・保健所・動物愛護団体

捨て犬や迷子犬を一定期間収容する動物管理事務所、保健所、動物愛護団体にも赤ちゃん犬がいます。不幸な体験から心に傷を負っている場合もあるので、しつけに十分な時間と愛情をかける必要があります。

入手時期は、7～12週齢が理想的

赤ちゃん犬は、7～12週齢までに入手するのが理想的。それまで、兄弟犬とじゃれ合ったりケンカする中で、これ以上かむと痛いといったことや、しつこくすると怒るといったルールを学ぶからです。こういった体験なしに成犬になると、ケンカになった時に死闘が繰りひろげられ、飼い主でも止めることができません。また、7～12週齢になると、飼い主をリーダーと認めたり接した人や動物を仲間とみなすようになります。できれば柔軟性があるこの時期に深い関係を結びましょう。

犬種によって性格もいろいろ

世界で四百ともいわれる犬の種類。ある特徴を人間が際立たせていった結果、さまざまな犬種が生まれてきたのです。よくほえる子には、もともと番犬の血が流れているのかも……。犬種のバックグラウンドを理解すれば、赤ちゃん犬の性格や行動をもっと理解することができます。

DALMATIAN
ダルメシアン

ディズニーの「101匹のわんちゃん」のモデルとして有名なダルメシアン。スマートで美しい体に秘められたスタミナと運動能力は抜群です。性格はおとなしくて賢いのが特徴。少し警戒心が強く人見知りします。原産地/旧ユーゴスラビア

PUG パグ

顔つきやしぐさに愛嬌があるパグ。鳴き声もブーブーとユニークそのものです。チベット寺院に古くから飼われていたことが知られています。ほえたりかむ傾向は低いですが、自尊心が強く、自己中心的に行動する一面をもっています。原産地/中国

SHIH TZU
シー・ズー

シー・ズーのシーは獅子の意味。華やかで豪華な被毛になります。毛の下の体はがっちりしていて丈夫です。フレンドリーで天真爛漫、しかも、感情表現が豊か。攻撃性も低いので室内犬に向いています。運動と被毛の手入れは欠かせません。原産地/中国

YORKSHIRE TERRIER

ヨークシャー・テリア

通称ヨーキー。成犬になると「動く宝石」といわれるほど華やかで光沢を持った被毛に覆われます。性格は明るく活発。甘えん坊で情愛深い犬ですが、神経過敏なので甘やかすと、ほえる・かむの問題犬になることもあります。原産地/イギリス

BEAGLE ビーグル

スヌーピーのモデルにもなったビーグル。集団で猟をさせていたので協調性は抜群。陽気で活発、いたずら好き。ほえたり追いかけないようにしつければ、よい家庭犬になる素質をもっています。運動はかなり必要。原産地/イギリス

POMERANIAN ポメラニアン

ちょっとうるさいくらい陽気で活発に動き回ります。出身はソリ犬で基本的には従順ですが、興奮しやすい部分もあり、ほえたりかみついたりすることも……。豊かな被毛はまめな手入れが必要になります。春・秋の換毛期は入念に。原産地/ドイツ

COLLIE

コリー

長毛種のラフ・コリーと短毛種のスムース・コリーがいます。名犬ラッシーはラフ・コリーの方。従順で明朗活発な一方、感受性鋭く飼い主に対して気を使うので、理想的な家庭犬になる可能性大。かんだりほえることも少ない犬種です。原産地/イギリス

WELSH CORGI PEMBROKE

ウェルシュ・コーギー・ペンブローク

尾が短いペンブロークと尾が長く胴長なカーディガンの2種。牧羊犬出身で、飼い主に忠実で学習能力が高いのが特徴。性格もよく家庭犬に向いています。多くの運動量を必要とするので、十分に遊んだり散歩させせましょう。原産地/イギリス

CHIHUAHUA

チワワ

世界でもっとも小さい犬種。オス・メスともに体高は12cm前後、体重も1～2kgにしかなりません。運動も、部屋で遊ばせ少し散歩すれば十分。扱いやすいので女性に人気です。活発で明朗ですが、小型犬独特の気の強さももっています。原産地/メキシコ

GOLDEN RETRIEVER

ゴールデン・レトリーバー

もとは狩猟犬ですが、性格はおとなしく温厚そのもの。フレンドリーな性格なので家庭犬に向いています。金色に流れる美しい被毛も人気の秘密。その賢さから、盲導犬、警察犬としても活躍しています。原産地/イギリス

SHETLAND SHEEPDOG

シェットランド・シープドッグ

コリーの小型版といった外観で、その名の通り、牧羊犬として活躍してきました。温厚で繊細。牧羊犬だっただけに、従順で家庭犬に向くタイプです。反面、警戒心が強いので、むだぼえしないようにしつける必要があります。原産地/イギリス

CAVALIER KING CHARLES SPANIEL

キャバリア・キング・チャールズ・スパニエル

キャバリアとは「騎士」の意味。イングランドのチャールズ2世に溺愛されたところからつけられた犬種名。性格は明るく社交的。賢くてしつけもむずかしくないので初心者でもOK。しかし、おひとよしなので番犬には向きません。原産地/イギリス

POODLE **プードル**

祖先はウォータードッグ。水鳥猟での回収役をしていました。被毛を刈り込んだ独特のプードルカットは、水の中で内臓や関節を守り、泳ぎの邪魔にならないようにするためのもの。りこうでしつけやすいが、少し興奮しやすい面も。原産地/フランス

MALTESE

マルチーズ

原産はマルタ島。愛玩犬としては最古の犬種で紀元前から飼われていました。長く真っ白な被毛に覆われ、貴族たちに愛されてきた犬。明るく活発で、甘えん坊。ほえる傾向があります。換毛しないので抜け毛の心配はありません。原産地/マルタ

SHIBA **柴**

縄文遺跡から骨が発掘されるほど、古くから日本人と暮してきた犬種。海外でも人気上昇中。「古武士」に例えられるように、主人に忠実で気が強いのが特徴。番犬としても優秀。ほえる、かむ性格になることもあるのでしつけが必要です。原産地/日本

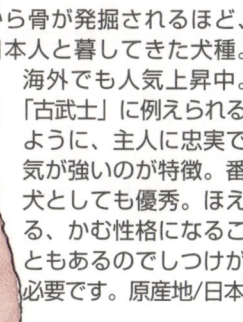

LABRADOR RETRIEVER

ラブラドール・レトリーバー

レトリーバー種の中で最も人気が高いのがラブラドール。祖先は猟師の手伝いをしていたので泳ぎが得意です。また、人間に仕えることも好き。性格は温和で、しつけたことをマスターするのも早いので家庭犬に向いています。原産地/イギリス

PAPILLON **パピヨン**

ヨーロッパ原産では最古の犬種のひとつ。成犬になると耳の形が蝶々（パピヨン＝フランス語）のようになります。活発で陽気な性格。好奇心が強く、甘えたがり。小型犬ながら、神経過敏ではないので家庭犬に向いています。原産地/フランス

MINIATURE DACHSHUND

ミニチュア ダックスフンド

キュートで社交的。日本でも高い人気を保っています。ダックス（アナグマ）＋フンド（犬）というドイツ語が語源で、アナグマやキツネ猟で活躍していました。ほえたり追いかけたりするのはその名残り。きちんとしつけましょう。原産地/ドイツ

AMERICAN COCKER SPANIEL

アメリカン・コッカー・スパニエル

メイフラワー号でアメリカに渡ったイングリッシュ・コッカー・スパニエルが小型化。長くシルクのような毛が人気。活動的で陽気。ひとなつっこく賢いのでしつけやすい犬種です。かむクセをしつけていく必要があります。原産地/アメリカ

SIBERIAN HUSKY

シベリアン・ハスキー

遠ぼえがしわがれているのでついたハスキーの名前。もとはシベリアに住むチュクチ族がソリを引くのに使っていました。そのためか、忍耐強く従順、タフな体力をもっています。寒冷地出身なので、寒さに強く暑さが苦手な犬種です。原産地/ロシア

GERMAN SHEPHERD

ジャーマン・シェパード

シェパードとは英語で「羊飼い」の意味。頭脳明晰で高度な訓練にも耐えるので、軍用犬、盲導犬、警察犬、麻薬探知犬として活躍するようになりました。信頼関係を結ぶことができれば、どこまでも主人に従う忠実さをもっています。原産地/ドイツ

FRENCH BULLDOG

フレンチ・ブルドッグ

イギリスで牡牛と戦っていたブルドッグがフランスに渡ってネズミ獲りで活躍しました。性格は、明るく気立てもよい。おとなしいのでマンション等で飼うのにも向いています。コウモリ耳といわれる独特な形の耳とユニークな顔が魅力。原産地/フランス

MINIATURE SCHNAUZER

ミニチュア・シュナウザー

シュナウザーとは「大きな口ひげ」の意味。クールな容姿で人気上昇中。性格は、大胆で勇敢、気が強い。警戒心が強く、ほえたりかむ傾向があるので、きちんとしつける必要があります。硬い被毛には毎日のブラッシングが必要。原産地/ドイツ

ライフスタイルにあわせて赤ちゃん犬を選びましょう

小さくてかわいい赤ちゃん犬ですが、すごいスピードで成長します。一年も経てばほとんどなおとな。成犬になるとどうなるかイメージしながら選ぶのは大切なことです。例えば、お年寄りや赤ちゃんがいる家に闘争心が強すぎるオス犬は危険ですし、30キロを越えるような大型犬だと、女性ひとりの手でコントロールするのは難しいでしょう。

大きさ

80キロのセント・バーナードから1キロのチワワまでいろいろ。大型犬は、おっとりしていて狭いスペースでもおとなしくしている傾向があります。子供にもやさしい。しかし、ちょっとしたいたずらが大変な結果を招くことも。食費や薬代が小型犬に比べて数倍かかることも考慮に入れておきましょう。
小型犬は、神経質でわがままな性格。活発に動きまわる傾向があります。しかし、小さいので扱いが楽。運動量も少なく家の中の運動で足りてしまう場合もあります。

オスかメスか？

オスは体が大きく精悍で活発。一般的に、闘争心が強く縄張り意識や優位性を主張しやすい傾向にあります。また、性的に成熟してくるとマーキングするようになります。
一方、メスは、攻撃性が少なく従順で人なつこい傾向が…。その点では、メスの方がオスよりしつけやすいと言えます。ただ、発情期があり、出血するので、その期間は手をかけてやる必要があります。

純血種と雑種

犬種の特徴を受け継ぐ純血種は、大きくなった時の体型や外観が赤ちゃん犬のうちから想像できます。特に、親犬を見ることができれば、だいたい同じ感じに成長すると予測することができます。

雑種は、大きくなってみないと、どんな外見や体型、性格になっていくか予測できません。

犬種

犬種とは、犬がもつある性格や能力、形を選択していくことで特徴を固定化した犬の種類のこと。被毛が長くなる、従順、よくほえる、活動的等々、さまざまな特徴があります。例えば留守が多いのに活動的な犬を飼うと、ストレスがたまったり問題行動が多くなる可能性がでてきます。犬種がもつ特徴と自分の生活スタイルを照らし合わせて考えることも大切です。

赤ちゃん犬の性格を観察しましょう

赤ちゃん犬の性格は、犬種や血統、オスかメスか、といった要因のほかにも、生まれてからの環境や体験によって左右されます。もちろん、もって生まれたパーソナリティも大きく関係。しかし、よく観察すると、性格をある程度推測することが可能です。

性格にあったしつけをしましょう

赤ちゃん犬のしつけを考えるとき、まず、理解したいのはその子の性格。例えば、鼻っ柱が強くてボス志向の子をちやほや育てたら、そのまま、「王様」になるのはまちがいありません。こういう子は、少しきつめにしかったりアルファトレーニング（54ページ）を回数多く行います。一方、気が弱くてシャイな子の場合は、自信をつけさせてやるのが先決。そのためには、「ほめる」「触れ合う」ことをしつけの中心にします。

赤ちゃん犬を探しにいくとき、あるいは、家につれてきたあとでもかまいません。いくつかのテストに対するその子の反応を観察し、適切なしつけをしていくようにしましょう。

他の赤ちゃん犬との関係を観察する

赤ちゃん犬があなたやあなたの家族と暮しはじめることは「新しい群れ」への参加を意味します。その赤ちゃん犬が「新しい群れ」の中でどのような存在になるかは「今の群れ」の中でのふるまいから推測することができます

支配者タイプ

他の赤ちゃん犬の上にのしかかったりかみついている

支配レベルが高い場合が多く群れの中でリーダーになりたがります。しつけは大変ですが、良好な関係を築くことができればパートナーとしておもしろい存在に……。あまり興奮させないように育てて落ちつきをもたせます。

おっとりタイプ

静かでぽーっとしている。他の赤ちゃん犬と一緒に遊ぶがおっとりした感じ

しつけもしやすくおだやかなパーソナリティ。家庭犬に向いています。普通に接していればだいじょうぶです。

いじけタイプ

群れから離れて遊んでいる。孤独でシャイな感じ

自信がなく、新しい環境へ恐怖心を抱く傾向にあります。追い込まれているモードなので、よくほえたりかみつくようになる場合も多い。十分にほめたりおだてて自信をつけさせましょう。

クールタイプ

群れから離れて好奇心のおもむくままに行動している。

自立心が強い独立独歩タイプ。少しクールかも……。遊びや散歩に積極的に誘って関係を深めます。

赤ちゃん犬の性格を観察する①

出会ったときの反応を観察しましょう

動物学者であるキャンベルが赤ちゃん犬の性格をテストする方法を考え出しました。そのテストをもとに、赤ちゃん犬の性格を探ってみましょう。まずは、人に対する興味です。

静かな場所であなたと出会ったとき…

初対面に近いとき、どのような接し方をしてくるか？　そこには、赤ちゃん犬が人間に対してどんな関係をもとうとしているかが表れています。

しっぽを上に立てて近寄ってきて、とびついたり手をかむ

支配性が高く、好奇心旺盛なタイプです。悪意を知らない（警戒心が低い）タイプともいえます。少しお調子者なので、しかるときは低音で威厳をもって。あまり興奮させせない接し方が○。

しっぽを立てずに近寄ってきて横にそれる

従属性が強く飼いやすい赤ちゃん犬です。好奇心と警戒心をバランスよくもったパーソナリティ。良好な関係を築くのは比較的簡単です。普通の接し方をしていれば問題ありません。

おしっこをもらしたり、仰向けになってお腹を見せる

従属性が非常に強い甘えん坊タイプ。抱きグセがついたりすると、あなたべったりになるので、ときどき突き放したり冒険をさせて自主性を育んでいきます。自立させることを心掛けましょう。

近寄って来ずに固まっている

シャイで自信がない赤ちゃん犬です。よくほめて自信をつけさせましょう。いろいろな人に会わせて人間にならしていくことも大切。家に来たばかりのときに、びっくりさせたり刺激するのは禁物です。

赤ちゃん犬の性格を観察する②

興味をひいてみましょう

赤ちゃん犬の興味をひいて去っていったときにどんな反応をするでしょうか？　その反応から、赤ちゃん犬の従属性を探ってみましょう。

赤ちゃん犬の周囲を歩きまわる。その後、その場から離れる。

赤ちゃん犬の周囲を歩きまわることで、赤ちゃん犬をあなたに注目させます。気を引いたあとにその場を離れたらどんな反応をするでしょうか？

全然ついてこない

独立心が強いタイプです。遊んだりマッサージして触れ合う時間を増やしましょう。人間と犬が共存していることを教えていきます。

尻尾を上げてついてきてまとわりつくがかまない

尻尾が支配性を表わしていますが従順な性格も反映しています。普通にしつければだいじょうぶです。

足にまとわりついて足をかむ

従属というより、逆に、力づくで興味をひこうとしています。好奇心も支配性も強いタイプ。要求をそのまま通すとわがままに育つので、アルファトレーニング（54ページ参照）をしっかりやりましょう。

尻尾を下げてついてくるが何もしない

従順。しつけるとよくいうことを聞くようになるタイプです。

ついてきたそうだが来ない

警戒心が強い性格です。あなたが安心できる存在であることを教えましょう。驚かせたりせずに、ゆっくり穏やかに接していきます。

赤ちゃん犬の性格を観察する③

動きを束縛してみましょう

一緒に生活していると、厳しく従わせる必要がでてくる場合があります。赤ちゃん犬はやんちゃなのが普通。しかし、あまりに支配性が強いとしつけに苦労することになります。あなたが自由を奪ったときにどんな反応をするか試してみましょう。

抱き上げて仰向けにする

あなたの胸側に頭を向けて、両手で赤ちゃん犬を両手で抱き上げます。それから、ゆっくりやさしく仰向けにします。痛くないように。

うなったりかみついたりして抵抗する

普通、初対面でこんなことをされたら抵抗するのが当り前。そういう意味では正常な反応といえます。しかし、かんだりうなったりは、支配性が強い性格がはっきりでているのでしつけをしっかりやる必要があります。

騒ぐ

束縛されるのを嫌がるのは、どちらかといえば支配性が強い性格です。しかし、つきあってみれば楽しいいし、しつけにもよく反応します。

静かになる

従属性が強いタイプです。従順なのでしつけはしやすいでしょう。

何をしても全く抵抗しない

従属性が非常に強いタイプです。気をつけないとあなたべったりになってしまうので自主性を育みましょう。

赤ちゃん犬の性格を観察する④

なでてみましょう

遊ぶこと、散歩にいくことを含め、一緒に生活するには協調性が必要です。体をなでるとどのような反応をするでしょうか？　そこから、社会生活における協調性を探ってみましょう。

体をなでる

赤ちゃん犬の正面に座って、背中、首、肩をやさしくなでます。

かんだりうなる

かんだりうなるのに悪気はありません。支配性が強いので「なれなれしくされる」ことが嫌なのです。「ボスになりたい」タイプですが、アルファトレーニングできちんとしつければ従属性がでてきます。

嫌そうなそぶりをする

正常な反応です。しかし、どちらかといえば支配性が強いタイプ。嫌がっても無視してなでたり、ヒゲをはじいていたずらして遊びに誘うようにしましょう。

喜んでなでられる

従属性が強いタイプといえます。いわゆる「いい子」なので協調性は十分です。

手をなめたり 仰向けになる

従属性が非常に強いタイプです。協調性も強いので無理をさせないように気をつけましょう。

固まってしまう

よく抱っこしたりひざの上に乗せるようにして緊張を解いていきましょう。リラックスさせるために、ときどきマッサージすることも大切です。

健康な赤ちゃん犬の見分け方

できれば健康な赤ちゃん犬と出会って、お互い、いつまでも元気で楽しく過ごしたいもの。健康かどうかはある程度、外見からも判断できます。目や耳、そして毛なみをチェックしましょう。

耳

犬は耳の病気にかかりやすい動物。耳の中が匂わないこと、耳あかが無いことをチェックします。黒っぽくて粘ついている耳あかは外耳炎の可能性が…。耳疥癬、耳ダニがいないかも注意。ひんやりしているのが健康な状態です。

目

目は赤ちゃん犬のパーソナリティや生命力を語っています。いきいきと澄んでいるのが理想。また、充血していないこと、目ヤニで汚れていないことを確認します。

肛門

よく引き締まっているか確認します。また、下痢などで汚れていないことが大切です。

毛

ツヤとハリがよいこと。フケ、湿疹、脱毛場所がないことも確認します。ノミやダニがいないのはもちろんです。

歯

ピンク色の歯ぐきをしていることが大切。白っぽい歯ぐきは貧血の可能性があります。かみ合わせがしっかりしていて欠歯していないかチェックします（うまくかめないと内臓に問題が出てくる可能性があります）。また、口臭がないことも確かめましょう。

鼻

冷たくて、ほどよく湿っていること。成犬と比べると乾いていますが乾き過ぎはよくありません。膿性の鼻汁がでている場合はジステンパーの可能性があります。

第3章

我が家に赤ちゃん犬がやってくる！

はじめての場所とはじめての人達……。
赤ちゃん犬もちょっぴり緊張しているはず。新しい生活に
赤ちゃん犬がスムーズになじんでいけるよう、準備万端整えましょう。

必要な用具を準備しましょう

いよいよ、赤ちゃん犬が我が家にやってきます。家族の一員として早く溶け込んでもらうため、準備を整えておきましょう。必要となる用具はペットショップ等で入手できます。

はじめから必要になるもの

サークル

トイレのしつけに必要です。成犬になっても使える大きさのものを選びます。

消臭剤

そそうをしたときのために用意しておきます。

食器と水飲み

ステンレス製なら清潔で丈夫。接触アレルギーにもなりません。

ドッグフード

前の飼い主さんに今まで食べていたドッグフードの種類と量を聞いておき、はじめは同じものを与えます。

ベッド

犬用ベッドがいろいろ売られています。古い毛布や厚めのタオルでもOK。

赤ちゃん犬を引き取りにいくときに、それまで使っていたものを譲ってもらえば赤ちゃん犬も安心して寝られます。

ペットシーツ

トイレ用シーツ。吸水性に優れ簡単に使えるので便利。前の飼い主さんが使っていたペットシーツと同じ種類にすればトイレのしつけがスムーズに進みます。

必要になってくるもの

首輪

第4章レッスン7「首輪をつけましょう（84ページ）」参照。革製、布製、ナイロン製があります。軽くてやわらかいものを。

おもちゃ

スポンジボール、コング、骨等。

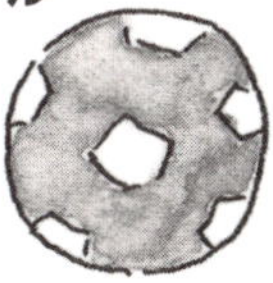

スポンジボール
（弾力があって硬いものなら歯の抜けかえが早くなる利点もあります）

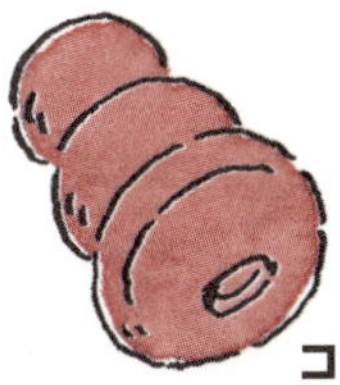

コング
（硬いゴムでできていて中におかしをつめることができるおもちゃ）

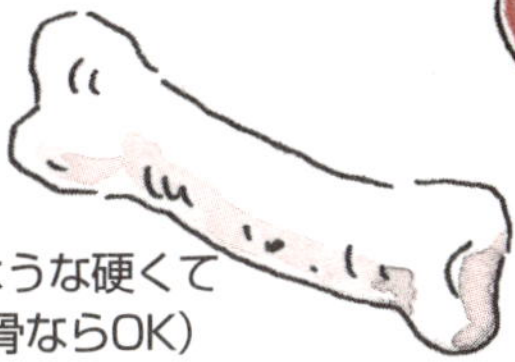

骨
（牛骨のような硬くて割れない骨ならOK）

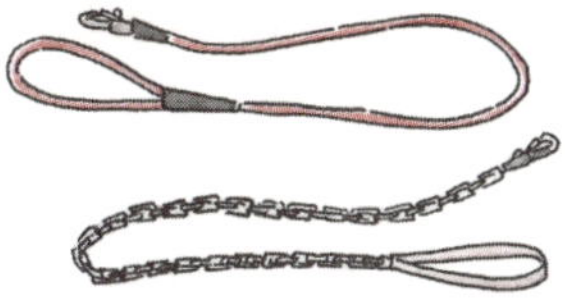

リード

第7章「リードをつけましょう（128ページ）」参照。布やナイロンだと引っぱられたとき火傷する場合があります。革製を選びましょう。

ハウス

サークルを使ったトイレのしつけが終わったら、ハウスで寝るようにさせます。できれば天井がある金属製のケージを用意しましょう。成犬になったときの大きさを想定して購入し、間仕切って使うようにすれば経済的。大きさは、（成犬になったとき）横になってそのまま眠ることができ、頭がつかないくらいの高さです。

お手入れ用の用具

第6章「お手入れタイム（115ページ）」参照

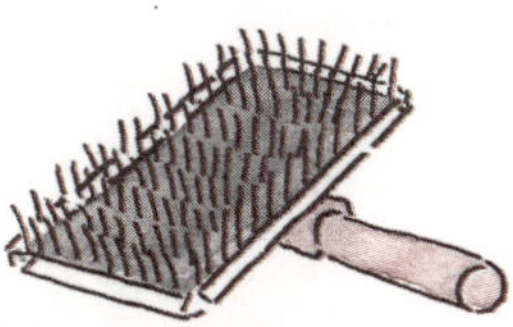

スリッカーブラシ

コーム（くし）

ブラシ

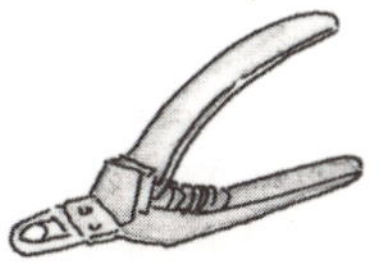

ギロチン型爪きり

ピンブラシ

犬用シャンプー＆リンス

我が家を安全な場所にする

好奇心が強い赤ちゃん犬は、何でも口に入れたりかじったりします。思わぬ事故につながらないよう、我が家を安全な場所にしてから赤ちゃん犬を迎えましょう。赤ちゃん犬の目の高さで家の中をチェックすることが大切です。

食べさせてはいけないもの

●菓子類

チョコレートは尿失禁やてんかんにつながることがあります。また、キャンデーは、のどに詰らせる可能性が……。肥満予防のためにもお菓子は与えないようにしましょう。

●ねぎ類

（玉ねぎ、長ねぎ、ニラ等）

下痢や嘔吐、黄疸や貧血を起こすことがあります。

● 刺激物

こしょうやわさびといった香辛料は刺激が強過ぎるだけでなく嗅覚にも悪影響。腎臓や肝臓にも負担がかかります。

●なま物

なまの豚肉にはトキソプラズマという寄生虫がいる可能性があります。鮮度が落ちた生魚・タコ・イカを食べると皮膚病や下痢を起こします。タコやイカは消化が悪いので消化不良を起こす可能性もあります。

● 鳥や魚の骨

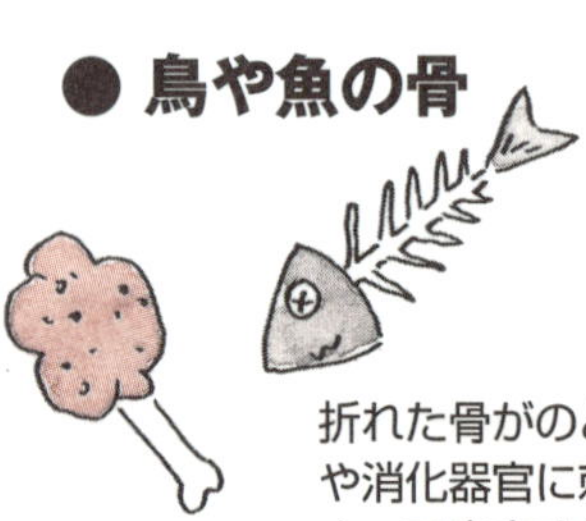

折れた骨がのどや消化器官に刺さって出血する可能性があります。鳥や白身魚の骨は硬いので注意しましょう。

POINT

放し飼いはしないようにする

十分に注意できない状態では、何か飲み込んだり、危険なことをしていても見逃してしまって大事に至ることがあります。放し飼いにするとこの危険性が高くなります。普段はサークルの中で過ごさせ、外に出すのは、面倒をみることができるときに限りましょう。

その他事故につながる可能性があるもの

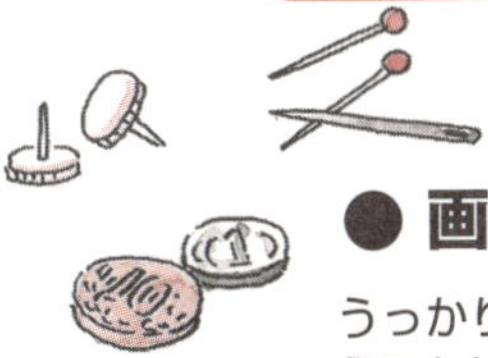

● 画鋲・針・小銭

うっかり飲み込んでしまうことがあります。

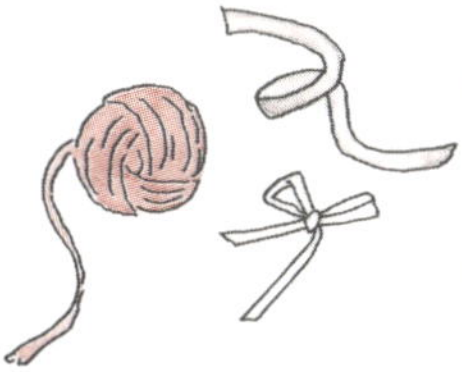

● ヒモ

腸に異物が詰まっておこる腸閉塞。赤ちゃん犬の場合、そのほとんどがヒモ類によるものです。

● 園芸用肥料

口にすると中毒を起こします。死んでしまう場合もあります。

固形肥料
油かす
園芸用
元肥

● 絨毯《じゅうたん》

いたずらでほじくったり切り離して食べてしまうことがあります。

家宝のペルシャじゅうたんが…
ビリビリ

かみかみ♥

● ぬいぐるみ

綿をほじくりだして食べてしまうことがあります。ビー玉やボタンでできた目玉も危険。

お!? いろいろあるぞ

● ゴミ箱

ゴミ箱の中に不用意に捨てたものを食べたり飲み込んだりする場合があります。食べ物を包んだ銀紙など、食べ物の匂いのするものもきちんと処理します。

● ストーブ類

火傷につながる可能性があります。

● 電気コード

感電につながります。カバーをつけてかじれないようにしましょう。

トイレを作りましょう

「トイレ」といっても、トイレをしつけるためにサークルで作るスペースは赤ちゃん犬のお城。眠ったり遊ぶ場所でもあるので、できるだけ居心地よい空間にしてやりましょう。

1 トイレの場所を決める

赤ちゃん犬はトイレを場所でも覚えます。最終的にサークルをはずしてペットシーツだけにしたときを想定して場所を決め、その後は場所を変えないようにします。

部屋や廊下の隅といった静かで落ち着ける場所がトイレにむいています。寒過ぎたり人の出入りが激しい場所は落ちつきません。

また、犬は壁にお尻を向けてトイレしたがるのでトイレが壁際になるようにします。

2 サークルで囲うスペースを決める

サークルで囲う赤ちゃん犬のお城には十分なスペースが必要です。赤ちゃん犬の大きさにもよりますが、最低半畳くらい。外出するときなどはサークルに赤ちゃん犬を入れておくことになるので、生活できるくらいの空間が必要になります。

サークルが狭いとベッドとトイレの区別ができず、オシッコやウンチをベッドの中にしてしまうことがあります。そうすると匂いが残ってどこがトイレかわからなくなってしまい、トイレのしつけがすすみません。

必要なもの	サークルとペットシーツ（吸水性が高いトイレ専用のシーツ）、ベッドにする毛布等。できれば、家に迎える赤ちゃん犬がオシッコした紙や布の一部（ほんの小さいものでOKです）をペットショップや元の飼い主からもらってきます。

3

トイレとベッドを置いてサークルで囲う

新聞紙を敷き、ペットシーツをサークルの大きさより少し広めに敷き、ベッドになるものを置きます。ベッドは赤ちゃん犬の体の1.5倍前後が適当な大きさ。雑誌や木をベッドの下にあてがって床よりも5cmくらい高くすると、ベッドとトイレがより明確に区別できます。

人間の寝室のように、ベッドとトイレの間を板で仕切って区別するのもよい方法です。この場合、赤ちゃん犬がふたつの部屋を自由に行き来できるスペースを開けておきます。最後に、サークルでベッドとトイレを囲います。

4

オシッコした紙や布の一部をトイレに置く

赤ちゃん犬は「トイレ」を足触りでも確認しています。ですから、ペットシーツも今まで飼われていた場所と同じ物を使うとよいでしょう。また、混乱の元になるのでペットシーツの種類は頻繁に変えないようにします。

最後に、前の飼い主さんからもらってきた「オシッコした紙や布の一部」をトイレに置きます。

赤ちゃん犬がやってくる日

見なれた環境から離れ、新しい生活をはじめる赤ちゃん犬。緊張もするし不安もあるでしょう。かわいいからとかまいすぎるとストレスがたまるし、寝不足にもなります。環境になれるまでは、自分のペースで生活させましょう。

初めてのトイレ

赤ちゃん犬が到着したら、まずは、トイレに直行します。クルマに乗ったり、見なれない場所に連れてこられたり、知らない人間に囲まれる体験の中で、赤ちゃん犬はすごく緊張し疲れているはず。オシッコを我慢していることも多いのです。トイレでほっと一息つかせてあげましょう。

1 トイレに連れていく

サークル内のトイレに連れていきます。

2 一匹にさせる

ゆっくり用を足せるように、赤ちゃん犬をサークルの中に入れてしらんぷりします。

3 うまくできたらほめる

うまくトイレができたら、ほめてから少し遊んであげます。

＊今日は初日。疲れていないようでも早めに寝かせましょう。

環境になれるまではかまいすぎない

「寝る子は育つ」のことば通り、赤ちゃん犬はほとんど寝て過ごします。起きているのは一日4～6時間くらい。遊びにずっとつきあわせると睡眠不足になり、精神・身体両面の発達に問題がでてきます。

はじめは、目が覚めたらなでたり遊んであげるくらいにして、あとはそっとしておくのが親心。環境になれて好奇心いっぱいに動きまわるようになったら十分に遊んでやりましょう。

夜泣きするときは……

ペットショップのように隔離された生活をしていたのでなければ、赤ちゃん犬は、身を寄せ合って寝ていた可能性が高く、孤独感から夜泣きすることがあります。

そんなときは、時計やラジオ等、音がでるものを置くと効果的。また、ペットボトルにお湯を入れてタオルに包んだものを与えると安心するようです。

アルファトレーニング

基本は「友達」でよいのです。しかし、人間社会の中で誰からも愛される犬に成長させ、また、安全に生活させるために赤ちゃん犬をリードしていく必要があります。本格的なしつけをはじめる前のアルファトレーニングでアルファ（リーダー）になりましょう。

アイコンタクト

目を合わせるとよいことが起こる。それが続けば、赤ちゃん犬はあなたに注目するようになります。アイコンタクトの練習はしつけの初期に効果的。赤ちゃん犬との間に強い絆を作っていくことができます。

1 食べ物を赤ちゃん犬の鼻先へ

少量の食べ物を用意します。まず、赤ちゃん犬の鼻先に食べ物をもっていって匂いをかがせます。

2 視線を合わせる

少しずつ食べ物を上に移動し、あなたの目と赤ちゃん犬の視線上に置きます。目が合ったら名前を呼んでよくほめ、食べ物を渡します。

POINT

アルファトレーニングは
赤ちゃん犬の
ときから……。

プライドが高くなり、また、鋭い歯をもったあとからアルファトレーニングを開始するのは危険です。赤ちゃん犬であれば体も軽いし、かまれてもあまり痛くありません。心も無垢なので、トレーニングも受け入れやすいのです。

アルファトレーニングは、毎日やる必要はありません。一度、トレーニングを受け入れたあとは、少しわがままになってきたなと感じたときに行なうとよいでしょう。

ホールドスティール

赤ちゃん犬と一体になるホールドスティール。お互いの体温を感じながら赤ちゃん犬があなたの腕の中でリラックスできるようにします。主導権を握っているのがあなただということはきちんと伝えましょう。

1 赤ちゃん犬をうしろから抱きしめる

赤ちゃん犬を背中向きにひざの間に座らせます。そのまま、やさしくうしろから抱きしめます。

2 暴れたら、ちょっと強く抱きしめる

暴れたら、やや強く抱きしめて自由を奪います。

3 おとなしくなったら力をゆるめる

静かにしていたら力をゆるめます。身を任せるようであれば安心している証拠。おとなしくなったらじょじょに解放していきます。

マズルコントロール

母犬は赤ちゃん犬のマズル（口）の自由を奪って立場を教え込みます。マズルは犬にとってとても大切な場所。歯磨きするとき、また、クスリを飲ませるとき、マズルに触れられないのでは何もできません。

1 鼻先を手のひらで包む

ホールドスティールになれてきたら、その最中に、赤ちゃん犬のマズルを片方の手のひらを使って包み込みます。あくまでやさしく行なってください。

POINT

嫌がっても止めないこと

食べ物を使って気をそらせてもかまいません。大切なのは、嫌がっても止めないこと。「嫌がれば自由になる」と思わせないことです。
しかし、くれぐれも「いじめられている感覚」にならないようにします。無理をすると反抗につながって、逆に抵抗できることを教える結果になります。

2 マズルを上下左右に動かす

マズルを上下や左右に動かします。やさしく声をかけながら無理がないようにゆっくり動かしてください。

タッチング

体中を触るタッチング。刺激を感じやすい耳や尻尾を触っても安心していられるようにしつけましょう。

1 横向きに寝かせる

横向きに寝かせます。

2 耳、口、尻尾を触る

まずは、胸や首筋といった気持ちよい場所からスタート。リラックスしてきたら刺激を感じやすい体の先端部分を触っていきます。触られても痛くないし安心だと思わせます。
食事を少なめにしておいて、触りながら少しずつ食べ物を与えるようにするとよいでしょう。

POINT

このトレーニングでお手入れも楽になります

体に触れられても安全なこと、身を任せてもよいことを覚えることで、あなたとの信頼関係が深まります。

このトレーニングを行なうことで、日々のグルーミングや爪切り、動物病院での診察も容易になります。

3 仰向けにする

今度は仰向けにさせ、脚からお腹にかけてさすります。四肢を握ったりなぜたりします。脚の指に触り爪にも触りましょう。

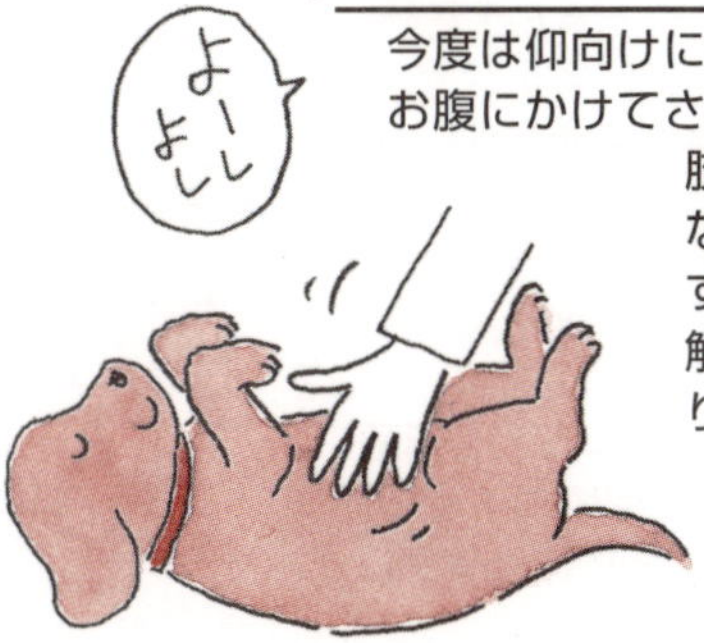

赤ちゃん犬の成長カレンダー

成長速度は人間の20倍！誕生してから成犬になるまでに、赤ちゃん犬の体はどんどん大きくなっていきます。体の成長に伴なって心も成長するこの時期は、しつけをするにも信頼関係を深めていくにも大切な時期。適切な時期に適切なしつけをはじめましょう！

誕生＝新生児期

赤ちゃん犬は、もっぱら、ミルクを飲むか寝ているかのどちらか。母犬が授乳と排泄の世話をします。

生後3週齢～

ものが見え、音が聞こえるようになります。歩きはじめるのもこの時期。乳歯が生えてきて離乳食を食べはじめます。

生後4週齢～

走ったり遊びはじめます。好奇心が芽生え、環境に興味を持ちはじめます。兄妹犬とじゃれたりケンカしたりミルクを取り合って「力関係」を学んでいきます。

生後7週～11週齢

環境に適応する＝社会化期です。人間ともスムーズに関係が深まっていく時期なので、赤ちゃん犬を飼いはじめるのに適しています。

家族の一員となった赤ちゃん犬と仲よくなるために、目が覚めたら一緒に遊びましょう（107ページ参照）。耳の中はすぐにチェック。汚れているようならお手入れします（122ページ参照）。また、8～9週齢で、母乳からの免疫が切れてくるのでワクチン摂取（152ページ参照）します。

生後13週齢

13週齢頃、2回目のワクチン摂取をします。ワクチンが終って3～4日過ぎたら、本格的な散歩へ出かけましょう(127ページ参照)。

また、この頃から、「すわれ」や「まて」といったコマンドを教えはじめます（88ページ参照)。

ブラッシングはこの頃から本格的に（116ページ参照)。シャンプー（118ページ参照）や歯磨き（126ページ参照）もはじめましょう。

生後12週齢～

上下関係を意識しはじめます。アルファトレーニングを開始しましょう（54ページ参照)。

生後4カ月～

パーソナリティが確立してきます。永久歯へ移行する時期なので歯がむずむずして何でもかじるようになります。

生後5~6カ月

人間でいえば、6～7歳の好奇心旺盛な子供と同じ。伸びてきていたら爪を切りましょう（120ページ参照)。この頃からテリトリーを主張しはじめます。狂犬病の予防注射をし、畜犬登録しましょう。

犬の一生

幼年期、青年期を経て、1年半～2年をかけて赤ちゃん犬は成犬になります。そして、成犬になったあとの犬の1年は、人間の約4年に相当するといわれています。

7カ月＝青年期

早ければ、雄犬はマウンティングやマーキングをはじめ、雌犬は発情期がはじまります。個体差がありますが、だいたい1年前後で性的に成熟します。

1年

ドッグフードを成犬用に変えていきましょう。年に一度は健康診断を受けて健康管理するようにします。

1年半～2年＝成犬

犬種によって差がありますが、平均すれば、1年半～2年で骨格も行動も成犬になります。

4年～

人間でいえば30代です。太り過ぎに注意しましょう。

6年～

人間でいえば中年期に入ります。生殖器疾患になりやすい時期なので注意しましょう。

11年～老年

人間でいえば、60歳。五感が衰え、病気にかかりやすくなります。体に負担がかからないような食事と無理のない運動を心掛けましょう。

第4章

しつけの基本

赤ちゃん犬はほめられるのが大好き。
いうことを聞いたりトイレがうまくできたら、どんどんほめてあげましょう。
しつけの基本を知っていれば、赤ちゃん犬はのびのびと成長していきます。

しつけには一貫性が必要です

あなたやあなたの家族と暮しはじめた赤ちゃん犬は、新しい群れに加わったばかりの存在です。群れにはオキテがあり、そこで気持ちよく生きていくには、その群れの中で「よいこと」と「いけないこと」を教えていく必要があります。そして、オキテにも一貫性が必要なのです。

生後1～3ヵ月で赤ちゃん犬の性格が形成される

生後1～3ヵ月は、犬にとってもっとも順応性が高い時期です。この時期は「社会化期」といわれ、社会や環境に対する順応性を育む期間。

社会化期に体験したことは、その後の赤ちゃん犬の性格に大きな影響を与え、成犬になってからも忘れません。生後1～3ヵ月の赤ちゃん犬とよい関係を作ることができ、また、きちんとしつけることができれば、赤ちゃん犬との間に理想的なパートナーシップが生まれます。

しつけには一貫性をもたせる

何が「よし」で何が「いけない」かには一貫性をもたせます。一貫した態度に赤ちゃん犬は安心し、あなたをリーダーとして認めます。

同じことをしたのに、叱ったり叱らなかったりでは信頼性も薄れることに……。また、何がよくて何がいけないかがはっきりしなかったら、赤ちゃん犬にもストレスがたまります。

家族の中で、それぞれ反応が違うのも困りもの。赤ちゃん犬の行動に対してどう対応するか家族の中で決めておくようにします。

ほめ方、叱り方は統一する

「だめ！」「いけない！」「こら！」というふうに、いくつもの叱りことばがあるより、「いけない！」ということばに統一すれば、赤ちゃん犬はより早くことばの意味とそれが望まれない行動であることを理解できます。

家族間でほめ方・叱り方が違うのも混乱のもと。いつも同じことばとジェスチュアで、よい、悪いを教えるようにします。

えさやおもちゃを使わないしつけ

しつけには、えさやおもちゃといったご褒美を使う方法と、強制的に従わせる方法のふたつがあります。ご褒美を使うだけでなく、じょじょに「強制的な」しつけも加えていきましょう。「強制的」といってもあくまでやさしさを伴った強制ですが、この方法の利点は行動を束縛することでリーダーがあなただということを体で教えることです。

生後2ヵ月ともなれば、犬は群れの中でリーダーを認めはじめます。心も純粋、体も小さく扱いやすいので、この時期は「従うこと」を教えるのによい時期です。プライドが高くなる成犬になってから従わせようとするのは専門家でも至難のわざ。中型犬以上だと危険も伴います。

遊びとしつけの区別をつけること

赤ちゃん犬が集中できる時間は限られています。遊ぶときは遊び、しつけに入ったら緊張感をもって接します。
しつけは、一回5〜15分程度。一日数回にわけるようにします。また、しつけの時間をいい形で終るために、必ず、ほめて終りましょう。ほめて終ることで、赤ちゃん犬は、しつけの時間を楽しみにするようになります。

本気で接すること

テレパシーがあるという人がいるくらい、犬は人間の気持ちを読み取ります。群れの中で行動する犬は、特に、リーダーに対して敏感に反応する動物。あなたのほめことばにウソがあったり、別のことを考えながら叱ったりすると、それを即座に察知します。

あなたが疲れているとき、やる気がないときは、赤ちゃん犬も集中できません。しつけ時間は、本気になれるときを選びましょう。

LESSON 1

「よし」を教えましょう

ほめる、そして、ほめられるためにがんばる。人間と犬の関係は、ここからはじまったといっても過言ではありません。しつけの第一歩は、ほめること。「よし」ということばの意味を教えましょう。

1 「よーし、よし」ということばでほめていることを伝える

「よーし」は少し長くやさしく、「よし」は短くはっきりと。これが基本のほめ方です。

赤ちゃん犬は、ほめられることであなたに対する愛情と忠誠心を深めていきます。うまくできた喜びを声で表現します。

2 体をなでて肯定的な気持ちを表現する

「よーし、よし」とことばでほめながら、なでたり、抱きしめて、うれしい気持ちを表現します。感情を込めて、あご、首まわり、胸元などをなでます。特に胸をなでられるとリラックスします。ほめながら体をなでてコミュニケーションをとっておくと、先々、シャンプーやブラッシングで体に触られることへの抵抗感が少なくなります。

目線より上からいきなり手を出さないこと

赤ちゃん犬は、自分の目線より上からいきなり手が出てくるとびっくりしてしまいます。また、頭をぽんぽん叩いてほめるのは圧迫感を与え、ときによっては恐怖を与えるので適切ではありません。

叱るよりほめること

犬はほめられることが大好き。できるだけほめてよい部分を伸ばしていきましょう。だいたい、9割ほめて1割叱るくらいが理想です。ほめられることで赤ちゃん犬は成長していきます。

コマンド（命令）は、抑揚をつけてはっきりと

コマンドとは「命令」の意味。「よし」「すわれ」といったことばを指します。犬には言語中枢がないといわれています。つまり、コマンドは「音」として理解しています。ですから、はっきり発音することでよく理解できるようになります。

ジェスチャアもつければ（常に同じジェスチャアである必要があります）理解度もアップ。また、一度、命令したことは必ず実行させ、出したコマンドを無視させないようにします。

LESSON 2

「いけない」を教えましょう

小さくてころころした天使のような赤ちゃん犬。確かに、何をやっても許せそう。しかし、「いけない」を知ることも大切。赤ちゃん犬のうちなら、叱られたら正すことを教えるのも比較的、楽です。

1 叱るにはタイミングが大切

いけないことをして時間が経ってから叱っても、赤ちゃん犬は何で叱られているかわかりません。叱るのは、何かいけないことをしている最中か直後。一番効果的なのは、いけないことをしようとする瞬間です。低い声で「いけない」と制止します。

2 手のひらで行動を制止する

ことばと同時に、赤ちゃん犬の顔の前に手の平を出して行動を制止します。

3 行動を正したら、ほめる

叱りっぱなしではなく、「いけない」と叱ってその行為を止めたらすぐにほめます。行動を正したらほめられるうれしさを教えましょう。

ただし、ほめ過ぎないこと。当然のこととして対処します。 また、叱ったあとは気を取り直させるために、体をなでたり遊びでフォローします。

天罰が降ってきた

「罰」と「あなた」が結びつくと、あなたがいなくなるのを見計らって好きなことを始めるパターンができることがあります。そこで、何か悪いことをした場合には、必ず天罰があると思い込ませると本質的なしつけになります。
例えば、赤ちゃん犬が何かいけないことをしようとしているときに、見えない場所から小石をつめたカンや週刊誌を近くに投げつけたり（けっしてあたらないように）、床や壁をドン！と叩いてびっくりさせるのはよい方法です。赤ちゃん犬はきょろきょろしますが見つからないようにします。

しつこく叱らない

叱るのは短ければ短いほどよいことも覚えておきましょう。くどくど説教しても、赤ちゃん犬は別のことを考えはじめたり、何かに気を取られはじめ、「何で怒っているのだろう？」と、あなたに嫌な印象をもつだけです。

感情的にならない

怒鳴ったり感情的になってはいけません。赤ちゃん犬が興奮するだけですし、恐怖でおびえてしまいます。

感情の爆発が繰り返されるとおどおどした犬になってしまいます。また、重箱の隅を突付くような叱り方をしていたらのびのび育つことができません。

体罰は避ける

何度叱ってもいけないことをする場合、ついつい手を出してしまいがち。足で蹴る人もいるでしょう。しかし、そうなると、あなたの手や足は恐怖の対象に…。

体罰によっていうことを聞くようになっても、それは恐怖による支配。信頼や尊敬とは違います。うらみが心の底に残って、性格がゆがむばかりか、成犬になったとき、かんだりほえたりして反撃してくる可能性が高くなります。

LESSON 3

トイレの基本を教えましょう

赤ちゃん犬はオシメをつけた人間の赤ちゃんと同じようなものです。はじめはトイレの失敗が多いのは当たり前。それでも、家についた日からトイレのトレーニングをはじめましょう。まずは、排泄とオシッコという言葉が結びつくようにすること、また、いつも同じ場所でトイレすることを覚えさせましょう。

1 こんな時がトイレタイム

寝ていた場合、起きてすぐ。これは、朝に限りません。ごはんを食べたあと。そして、遊んだあと。赤ちゃん犬は、起きている間は、だいたい1時間ごとにトイレに行きます。

2 ソワソワしたらトイレのサイン

クンクン鳴いたり、匂いをかぐようにソワソワウロウロしだしたらトイレのサイン。遊んでいても、こういうサインがあったらトイレに連れていきます。また、よく観察すると、トイレが近くなった時にする表情があります。それも目安になります。

3 トイレに連れていく

抱き上げてトイレへ連れていきます。

4 終る頃、「オシッコ」と声をかける

終りそうになったら「オシッコ」と声をかけます。ウンチもオシッコも「オシッコ」という同じことばを使い、口調やトーンも統一すると覚えやすくなります。

くりかえしているとオシッコ＝排泄行為という回路ができて、オシッコということばとトイレタイムが結び付きます。このことばを教えることで、外でするトイレのしつけがスムーズになります(→146ページ)。

5 ほめて遊んであげる

ペットシーツの上できちんとトイレできたら、ほめて、それから、遊んでやります。
ほめたり遊んでやることでトイレで排泄する＝気持ちよい体験になっていきます。

POINT

サークルを楽しい場所に

サークルに馴らすためにエサもサークル内で与えるようにしましょう。ときどきオモチャも置いて、そこが楽しい場所だと感じるようにします。水を置いておくことも忘れずに。また、お仕置きのためにサークル内に閉じ込めたり、長い間サークルに入れっぱなしにしないようにします。

6 トイレはいつもきれいに

排泄物はコマメに処理します。イヌはきれい好き。そのままにしておくとトイレでは排泄をしたがらないようになってトイレトレーニングが進みません。

そそうの現場にでくわしたら…

そそうする瞬間にでくわした場合に効果的な方法があります。それは、大きな音を立ててビックリさせること。排泄も止まるし、何度かこの「天罰」が重なると、安心して排泄できる「トイレ」を選ぶようになります。

1 排泄中の赤ちゃん犬にショックを与える

トイレ以外の場所でオシッコしたら、壁を叩いたり、赤ちゃん犬にあたらないように本や週刊誌、空き缶を使った「天罰」で対処します。

POINT

あくまで天罰

目を合わせたり、ものを投げる行為を見られないように。これは、あくまで「天罰」なのです。あなたと罰が結びつくと反感を持たれるだけでなく、あなたがいないところでそそうする可能性がでてきます。

2 しらんぷりする

赤ちゃん犬はびっくりして排泄を中止します。何が起こったかきょろきょろ回りを見まわすでしょう。赤ちゃん犬が受けたショックと自分が関連づかぬよう、しらんぷりを決め込みます。

POINT

鼻先をオシッコにつけて叱らない

トイレ以外の場所で用を足した場合、数秒以内に犬の鼻先をオシッコやウンチに近づけて叱るとよい、といわれています。確かに、それで覚えられる子もいます。ところが、自分の排泄物を前に叱られたら、オシッコ＝いけないことだ、と勘違いしてしまう子もいるのです。しかも、赤ちゃん犬の場合、排泄をコントロールする神経が、まだ、うまく機能していない場合があります。ひどく叱ったりすると、トイレを必要以上に我慢するようになったり、あなたがいない場所でしかトイレできなくなる可能性があります。

3 トイレに連れていく

興奮がおさまったら抱き上げてトイレに連れていきます。

4 排泄させる

「オシッコ」と声をかけ、うまくできたら大げさなくらいにほめて、しばらく遊んであげましょう。「天罰」とのギャップから、赤ちゃん犬はトイレで排泄する快適さを身をもって体験します。

トイレに失敗したときは…

トイレを失敗することは何度かあるはず。そんなとき、怒りは禁物。特に、時間が過ぎてしまった後に説教しても、赤ちゃん犬は何で叱られているか理解できません。起こってしまったことは受け入れてさっさと片付けてしまいましょう。

1 赤ちゃん犬をハウスに入れる

トイレに失敗した場所を見つけたとき、近くでウロチョロされると愚痴のひとつも出てきます。とりあえずサークルに入れましょう。この場合は怒っても意味がありません。

POINT

ベッドでおもらしする場合…

毛布等はきれいに洗って匂いが残らないようにします。ベッドが大きすぎて「ベッド」と「トイレ」の区別がつかないことが理由かもしれないので、ベッドの面積を小さくします。

2 だまって後始末する

匂いが残らないように酵素入りの洗剤でよく拭きます。オーデコロンや酢、消臭剤をたらし、排泄物の匂いがするのはトイレだけという状態にしておきます。

トイレとベッドを分離しましょう

サークルの外で遊んでいても、排泄が近くなったときにサークルへ向かうようになったら「トイレ」の意味がわかってきた証拠。トイレとハウスを分離していきます。

1 サークルの入口（一部）をはずす

赤ちゃん犬が自由に出入りできるようサークルの入口（一部）をはずします。

2 ペットシーツを小さくしていく

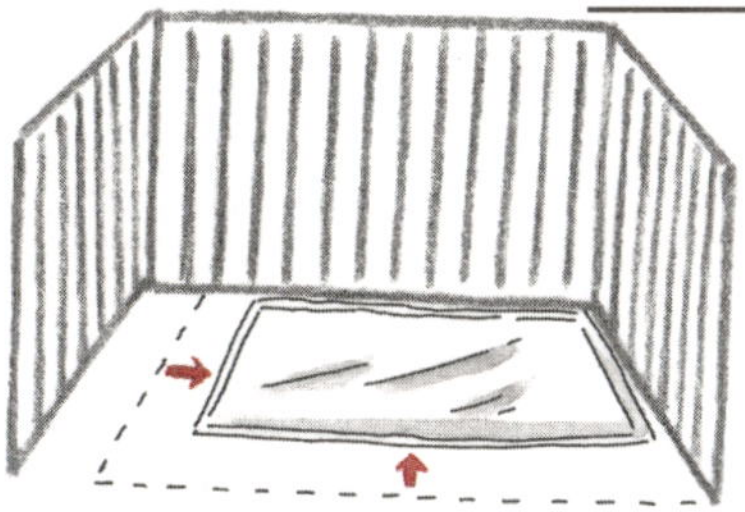

自分でトイレに向かいトイレ内で排泄できるようならサークル内のトイレ部分を少しずつ小さくしていきます。ペットシーツの同じ場所で排泄しているようならば、そちら側にペットシーツを動かしていきます。ベッドはサークル内の離れた場所に。

3 トイレとベッド（ハウス）を分離させる

サークルを外し、トイレとベッドを完全に分離します。トイレとベッドを分離したあと失敗が多いようなら、もう一度サークルを使ったしつけにもどります。

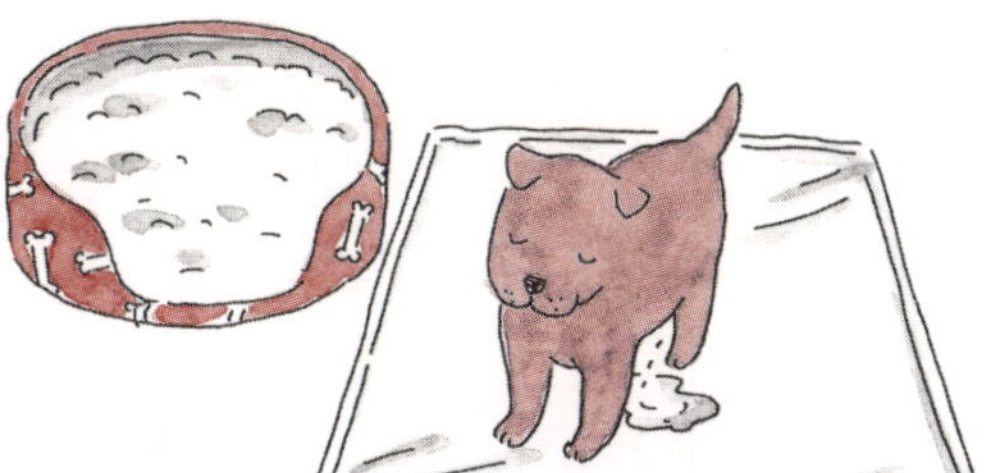

LESSON 4

ハウス＝マイルームを作りましょう

トイレとベッドを分離するとき、そのままハウス＝ケージで寝るようにさせればそこが赤ちゃん犬のお城になります。もともと横穴に住んでいた犬は、狭くて適度に暗い場所が好き。なれてしまえば、ハウスは安心してリラックスできるマイルームになります。

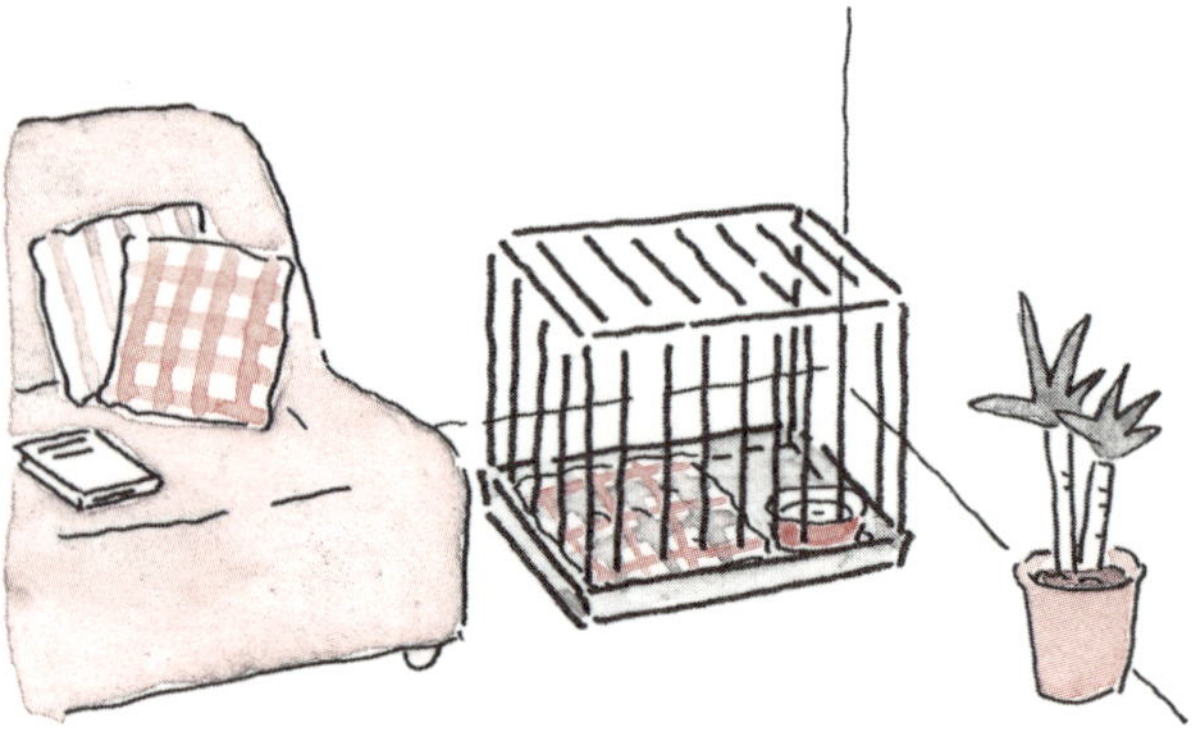

1 ハウスを置く場所を決める

適度な人けと適度な静けさ。例えばリビングルームの隅といった場所であれば、ハウスに入った赤ちゃん犬をときどき見ることもできます。暗くて寂しい場所だと、ハウス＝隔離になるので適切ではありません。毛布等を敷き、水が飲めるボウルを置きます。

＊食べ物につられて
ハウスに入る図

2 ハウスに誘導する

食べ物を使ってハウスに誘導します。抱き上げてうしろ向きにハウスに入れるのもよいでしょう。

3 ハウスに入ったら「ハウス」とコマンドする

ハウスに入ったら「ハウス」とコマンドし、ほめたあと食べ物を渡します。ここでもほめることは大切。ハウス＝楽しくてよいところという回路を作りましょう。

4 「まて」のコマンドを出す

何度かハウスに入らせてならしたあと、「まて」のコマンドを出して、いなくなります。はじめはごく短い時間から。でてしまっても叱ってはいけません。

5 扉を閉める

②〜④がうまくいくようになったら、赤ちゃん犬をハウスに誘導して前を向いているときに扉を閉めます。扉を閉めたあと、外から食べ物を与えます。最初は30秒〜1分くらい閉めておき、じょじょにその時間を長くしていきます。

POINT

プライベートタイムを尊重する

赤ちゃん犬がハウスに入っているときは、上から見下ろしたり頻繁にかまわないようにします。ハウスはあくまで安心してくつろげる場所。プライベートタイムを尊重してあげましょう。

LESSON 5

食事中にうならないようにしつけましょう

普段は穏やかなのに、食事中に近付くとうなる……そんな悩みを持つ飼い主が多いようです。これは、食事に対する執着心をつくってしまったことが原因。人間と同じで、犬にとっても食事は楽しい時間。何かを教えようとして、食事をじらさないようにしましょう。

「よし」ということばを覚えさせる

「よし」という許可のことばを覚えさせましょう。食事を与えるときは、「よし」といいながら皿を置くようにします。初日の食事からはじめましょう。黙って食器を置くのではなく、やさしいことばをかけることで親近感も深まります。ただし、「よし」というだけでまたせてはいけません。

食器を手に持って食べさせる

一週間に数回は、手にした食器から食べさせるようにします。手の上に食器を置いて地面におろしてもかまいません。赤ちゃん犬も食べやすいし、あなたも疲れません。

こうすることで、あなたの手が食事を取り上げる手ではないことを教えます。食器に触れただけでうなる犬がいますが、この与え方をするとうなるようにはなりません。

どうしてもうなるときは一口ずつ食べさせる

1 一口分のエサを器に入れる

食器に一口分のエサを入れます。

2 赤ちゃん犬に食べさせる

赤ちゃん犬が食べようとしたら「よし」といいます。この時も、ただ、「よし」というだけでまたせてはいけません。

3 再度、一口分のエサを器に入れ、食べさせる

①〜②をくりかえします。この食事法で、人間が食事を取り上げるのではなく与える存在であることを理解させます。

POINT

食事は食事。しつけの時間ではありません。

食事を利用して「まて」をはじめとするコマンドや芸を教え込むのが常識になっています。しかし、このしつけ方は、犬の立場から考えたら相当いらいらすることです。妙にじらされることで、だんだん、食事に対する執着心が大きくなり、いったん食事が許されると「もう誰にも渡さない」とうなるのです。うなるのはかむ前段階。事実、犬にかまれるのは、食事時間が圧倒的に多いのです。

盗み食い、拾い食いをしないよう「まて」を教えます

1 赤ちゃん犬を座らせる

食事以外の時間に、ご褒美を使って「まて」を覚えさせ、それから食事のときも「まて」のコマンドを出すようにします。まず、「すわれ」で赤ちゃん犬を座らせます。

2 「まて」を指示する

「まて」を指示し、手のひらを赤ちゃん犬の前に広げます。まてないですぐに口をつけようとする場合は、とりあえず食べさせてあげましょう。こういう場合は、食事以外の「ご褒美」にもどって「まて」をしつけ直します。

3 落ちついたら「よし」で食べさせる

「まて」の指示に従って落ちついていたら「よし」で食事させます。長くまたせてはいけません。食事前の「まて」は、あくまで、食べ物をコントロールしているのが人間だということを理解させ、盗み食いや拾い食いをさせないために教えます。

ときどき、おいしいものを

ときどき、皿の中にチーズ等おいしいものをごく少量入れてやります。こうすることで、人間が食事中に近付くと何か楽しいことが起こると思わせます。

また、食事中はときどき近くにいるようにします。「見ていないよ」という雰囲気の中であなたがいることになれさせていきましょう。

赤ちゃん犬のときは食事を一定時間に与える

定期的にウンチさせるため、赤ちゃん犬のときは一定時間に食事を与えるようにしましょう。あなたの都合と赤ちゃん犬の状況に合わせて、一日４回食事時間を設定するとよいでしょう。

食事は常に専用の食器から

食べ物を与えるときは常に同じ食器を使います。そして、その食器以外では与えないようにします。

「食事は常に食器から」。このルールを守らせることで、盗み食いしたり人間が食べているものを欲しがらなくなります。

適量をバランスよく

野生時代の犬は、獲物がとれなくてしばらく食事抜きということもザラでした。そのときの名残で食いだめする傾向にあります。しかし、人間と同じで肥満はさまざまな病気の引き金に…。欲しがるにまかせておかわりさせない、また、間食させないようにしましょう。好きなものばかり与えて偏食させるのも体調を崩すもとです。

食事のときに飛びつくクセを直しましょう

1 飛びついてきたら、むきを変える

食事の器を見て飛びついてきたら、むきを変えてしらんぷりします。

2 ハウスを命じる

ハウスに入るよう命じます。しつけの面から考えると、あなた=リーダーに飛びつくのはいけないこと。

このクセを放置して食事を与えていると、しだいに行動がエスカレートするばかりか、主従関係のバランスが崩れていく原因になります。こういうときはハウスの中で食事をさせるようにします。

3 静かにまてたら食事を与える

ハウスの中で静かにまつことができたら食事を与えます。

食事に関係した問題を解決しましょう

盗み食いする

盗み食いの原因は放し飼いにするから。外にいる必要がないときはハウスに入れましょう。盗み食いしようとしている現場に居合わせたら「天罰」で対処します。

気をつけたいのは、おもちゃの与えっぱなし。いつも自由にできるものがあると所有意識が芽生え、食べ物も自由にできると考えて盗み食いにつながる場合があります。食べるものは常にあなたが与えたもの、そして、おもちゃもあなたが与えてはじめて遊べるもの……というスタイルが正解。こういうルールでしつけておけば、拾い食いしてお腹を悪くすることもなくなります。

人間が食べているものを要求する

つぶらな瞳で訴えられたら、ついつい欲しそうにしている食べ物をやりたくなるのが人情。しかし、一度、許してしまうと次からも要求するようになります。こんなときは、いくら欲しそうにしていても目を合わせないようにして無視します。

また、テーブルに近付いてきたらオスワリさせ、テーブルには近付けないようにしましょう。食事は常に食器から。このルールを徹底します。食事以外で何か与える場合も食器に入れるようにします。人間の食事のときはハウスに入れておくのもよい方法です。

遊び食いする

食器を置きっぱなしにすることが遊び食いの原因になります。遊び食いをやめさせるには、食器を置いておく時間を20分間くらいに限定します。20分くらい経って、食べ残していてもさっさと片付けてしまいましょう。

LESSON 6

外の世界を体験させましょう

赤ちゃん犬にとって、家の外は、知らないものばかりの未知の世界。クルマの音や人の声がしたときに過剰な反応をしないよう、少しずつ外の世界を体験させましょう。警戒心が芽生えてしまうと新しい世界を怖がりはじめます。柔軟性があるうちに外の世界を見せておけば散歩にもスムーズに連れ出せるようになります。

1 赤ちゃん犬を抱いて窓の外を見せる

あなたの腕の中なら赤ちゃん犬も安心です。抱いて窓際で外の風景を眺めさせましょう。

お尻をしっかりもって前脚を腕にかけさせます。抱きかかえてあなたの肩に前脚をかけさせるのは、上位の犬が下位の犬に行なうことなので好ましくありません。

2 道行く人やクルマを見せる

歩いていく人、しゃべり声、クルマやクルマが走っていく音を聞かせます。それが、何でもないことをわからせます。

3 抱いたまま散歩にいく

最初は、人やクルマが少ない朝早い時間を選んで外出します。家の周辺をまわるくらいがよいでしょう。15～20分くらいで帰ってきます。それから、だんだんと行動範囲を広げ時間を長くしていきます。ワクチンを注射して一週間以降は、時々降ろしては、小さな冒険をさせましょう。

人間になれさせる

ご近所やお客様に赤ちゃん犬を紹介し、世の中にはいろいろな人がいることを教えます。しっぽを激しく振って、場合によってはおもらししてしまうのは、緊張と興奮が原因。他人との接触が少ないと、おとなになってもこういう反応が残る場合があります。

いろいろな人に赤ちゃん犬と会ってもらい、じょじょに過剰反応しないようにしつけます。赤ちゃん犬と会ってもらう人には、いきなり目を合わせない、頭をなでない、静かに接することをお願いします。赤ちゃん犬の興奮がさめて、静かになったら、はじめてさわったり声をかけてもらいます。

よく触ってあげること

赤ちゃん犬の体には、普段からよく触るようにします。また、家族以外の人達から触られることにならすことも大切。

大きくなるまで他の人間と接することがなかったり触られずに育つと、見知らぬ人間から触られたときに防衛本能が働いて、いきなり噛みついたりパニックになる可能性があります。

ほかの犬や動物とつきあう

この時期は、ほかの犬や猫、うさぎといった他の動物とも仲よくなることができます。もし、人間だけと過ごすと、ほかの犬と出会うとほえたてたり仲よくできない犬になってしまいます。

ノラ犬や攻撃的な犬を避け、きちんとワクチンを受けている近所に住む犬や知り合いの犬と会わせて遊ばせます。他の犬と接触することになれた犬であれば問題が起こることは少ないでしょう。

LESSON 7

首輪をつけましょう

大きくなって、いきなり首輪を付けようとすると嫌がるものです。そこでリボンを使って少しずつならしていきましょう。首輪とリードはしつけにおいても大変役に立ちます。

1 リボンを首に結ぶ

重さや硬さといった抵抗感が少ないリボンを首に結んで準備段階とします。指が2本くらい入るゆるさが必要ですがリボンはきっちりと結びます。引っ張れないように端は切り、飲み込まないよう注意しましょう。リボンを結ぶ時期は、家に到着してすぐでもかまいません。

2 リボンをさせたまま生活させる

リボンをしたまま、数日生活させます。そのまま、ご飯を食べさせたり遊ばせたりします。リボンをつけた直後は遊ぶか食べ物を与えて気を紛らわせましょう。2〜3日間はそのままリボンをつけておきます。

3

リボンを首輪に変える

リボンに慣れたら首輪につけかえます。首に巻いて指2本が入るくらいのゆるさにします。また、赤ちゃん犬は成長が早いので、きつすぎないかときどきチェックしましょう。

4

皮膚の状態をチェックする

ときどき首輪をとってアレルギーを起こしていないか皮膚の状態をみるようにします。

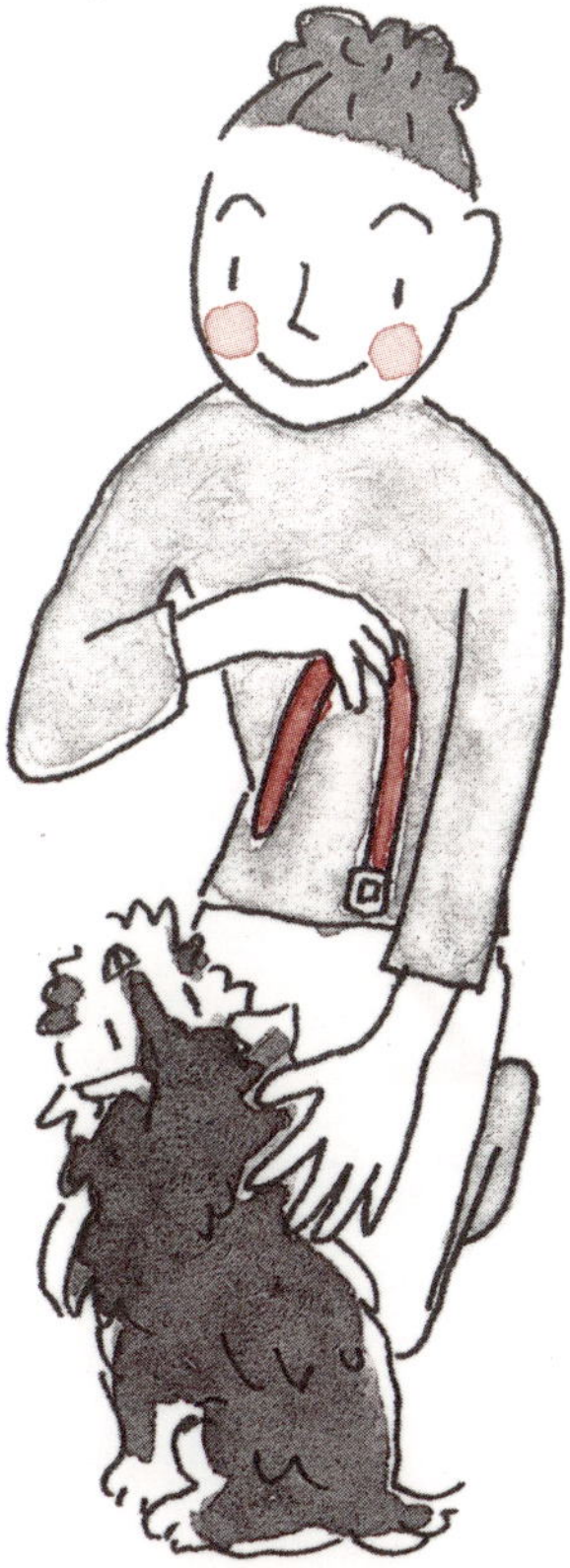

POINT

首輪の大きさは？

軽くて、幅も長さもちょうどよいものを購入します。長過ぎると、端を舐めたりしておもちゃにする可能性があります。大型犬の場合、成長するまでに何度か買い換える必要があるでしょう。

LESSON 8

「こい」を教えましょう

呼んだらすぐにあなたのもとに来る。それは信頼感のあらわれです。いつどんなときでも呼べばもどってくるようにします。また、「こい」のコマンドを教えることで、あなたと赤ちゃん犬の結びつきが強くなっていきます。

1 赤ちゃん犬を呼ぶ

食べ物等のご褒美を見えるように手に持ちます。赤ちゃん犬の名前を呼んで、赤ちゃん犬が動き出したら、すかさず「こい」と声をかけます。

2 近付いてくる間、励ます

赤ちゃん犬が近付いてきたら、「よーし、よし」と声をかけて励まします。

POINT

「こい」で叱ってはいけません

なかなか来なかったからといって、呼ばれて来た赤ちゃん犬を叱ってはいけません。あなたのもとに来た赤ちゃん犬には、常に、ほめられたりなでられたりといったよいことが起こるようにします。呼ばれてもどった→嫌なことが起こった、では、あなたの「こい」を嫌がるようになります。

3 赤ちゃん犬を迎え入れる

上から見下ろす体勢ではなく、座って、できるだけ目の高さを赤ちゃん犬と同じにします。

赤ちゃん犬が到着したら、ほめて手にしたご報美を与えます。また、十分に愛撫します。あなたのもとに行くと必ずよいことが起こり、やさしく迎えてくれる。あなたがそんな存在であれば、赤ちゃん犬はあなたの「こい」が好きになります。

Step Up

姿が見えない場所から呼ぶ

「こい」のコマンドであなたを探させるようにします。

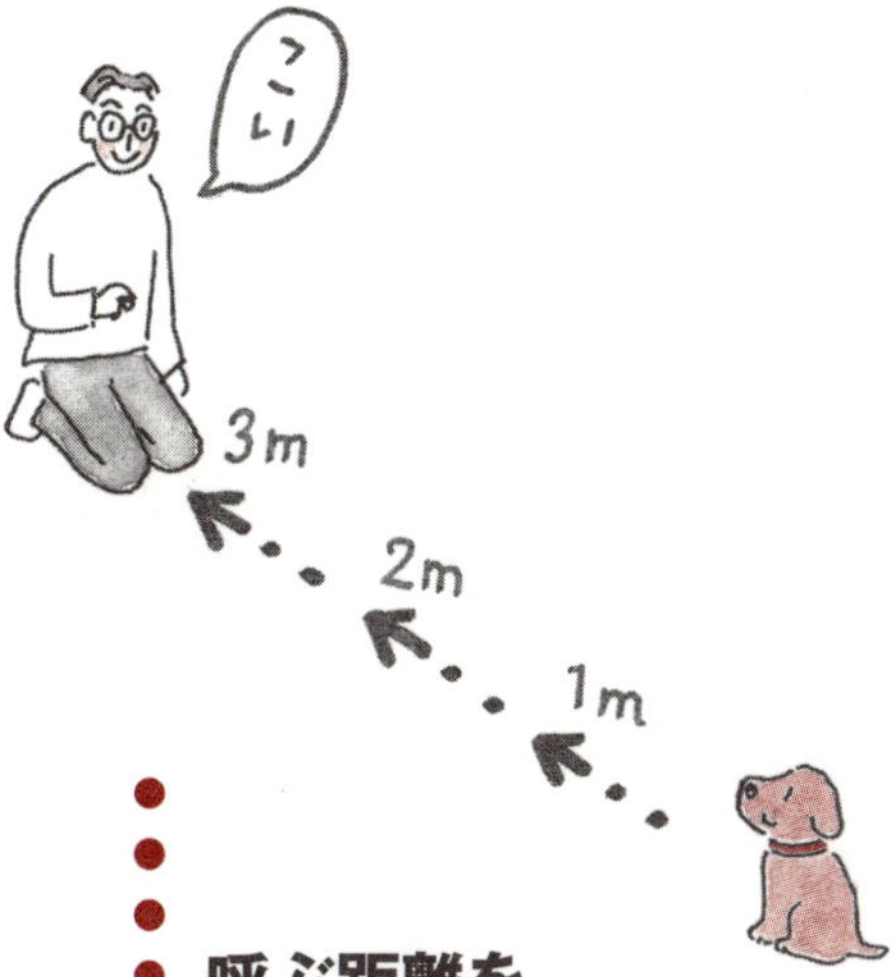

呼ぶ距離を伸ばしていく

呼ぶ距離を少しずつ伸ばしていきます。

LESSON 9

「すわれ」を教えましょう

オスワリは基本中の基本。ケンカ早そうな犬が前から来たとき、横断歩道を渡るとき。「すわれ」はどんな場面でも威力を発揮します。家に到着して雰囲気になれた一週間くらいから教え始めましょう。

その1 気を引くものを使う

1 少量の食べ物で気を引いてアイコンタクトする

集中させるために食べ物を使ってアイコンタクトします。

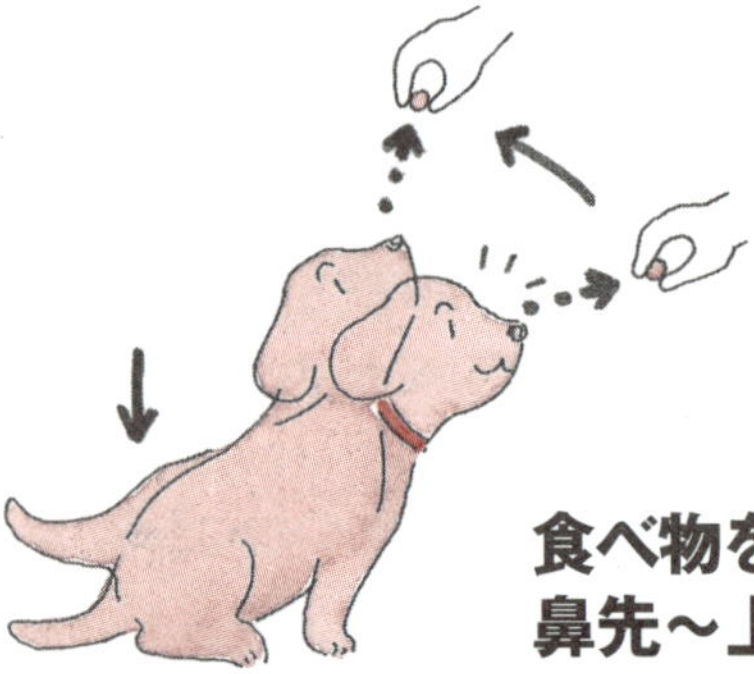

2 食べ物を、赤ちゃん犬の鼻先〜上方に移動する

食べ物を鼻先から頭上に移動するとお尻が下がます。

3 「すわれ」と声をかける

声をかけるのはお尻を床につける瞬間。座ってからではありません。

4 食べ物を赤ちゃん犬に与え、ほめる

ほめられるだけでなく食べ物ももらえ、赤ちゃん犬は、このトレーニングが楽しくなります。「ご褒美」目的から脱していくため、じょじょに食べ物を与えるタイミングを遅らせ、量も減らしていき、命じるだけで座るようにします。

POINT

ご褒美について

犬が群れで行動するのは、獲物をチームプレーで狩るのが主な目的です。このことから考えると、食べ物をご褒美にしてしつけるのは意味のあることです。一生懸命コマンドを覚える→食べ物がもらえる。これは、野生時代の行動パターンそのものです。しかし、ご褒美だけが目的だと、あなたとの本質的な関係は築けません。ご褒美はじょじょに減らしていき「ときどきご褒美というギフトがある」くらいのニュアンスに変えていきましょう。

Step Up

オスワリさせておく時間を少しずつ伸ばしていきます。食事ではないので、長くまたせてもかまいません。

「すわれ」を教えましょう

その 2

補助しながら座らせる

1

赤ちゃん犬の横に座る

赤ちゃん犬の横に座って、片方の手で下アゴから耳のうしろあたりを押えます。首輪をしていれば、首輪を持ちます。反対の手は背中に置きます。

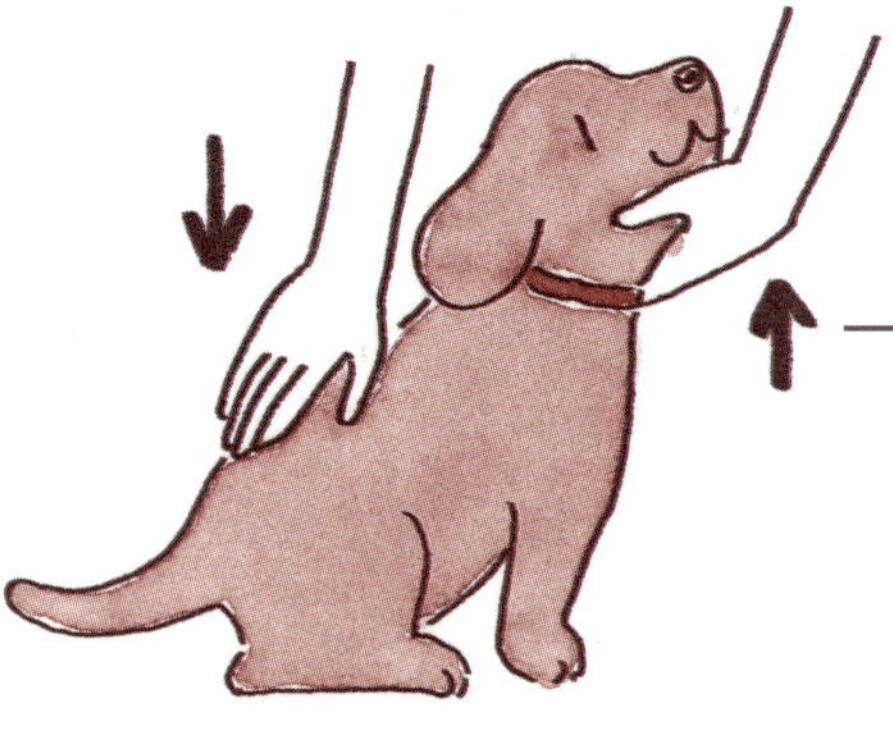

2

赤ちゃん犬の顔（首輪）を持ち上げる

赤ちゃん犬の顔（首輪）をもち上げながら、背中からお尻に向かって軽く力を入れながら座らせます。腰を落とそうとしない場合、後ろ脚のひざのうしろにあなたの手を添えて脚をたたむとよいでしょう。

3 お尻がついたら「すわれ」という

声をかけるのは、お尻が着いた瞬間です。

4 うまくできたらほめる

うまく座れたら、しばらく押えてから「よーし、よし」とほめてやります。

偶然の一致を利用する

この方法は、あなたの注意力だけでできるしつけ方法です。赤ちゃん犬に好きなことをやらせていて、例えば、もし、座りそうになったら、座った瞬間に「すわれ」と声をかけ、「よーし、よし」とほめるようにします。こうすることで、赤ちゃん犬は、ことばと行動を結びつけていきます。

LESSON 10

「まて」を教えましょう

「まて」は重要なコマンドです。いたずらやマーキングも「まて」のコマンドで制止することができ、いけない行動、危ない行動をコントロールすることができます。

1 ご褒美を用意し、赤ちゃん犬を座らせる

食べ物やおもちゃを用意し、「すわれ」のコマンドで赤ちゃん犬を座らせます。

2 手で行動を制止するコマンドを出す

ご褒美を持ちながら「まて」というコマンドを出し、もう一方の手のひらを赤ちゃん犬の目の前に大きく広げて行動を制止します。

3 動き出したら軽く押える

ご褒美につられて動き出してしまったら、軽く押えます。

4 少しまたせる

動いてしまう場合、最初は5秒ほど押えつけてオスワリの「まて」の体勢を保たせます。

5 「よし」といって ご褒美を与える

またせた状態のまま「よし」という解除のコマンドを出してご褒美を与えます。

Step Up

まつことを覚え動かなくなったら、じょじょにまたせる「時間」を長くしていきます。
またせる時間は20〜30秒を限度にしましょう。

LESSON 11

「ふせ」を教えましょう

「ふせ」の姿勢は、犬にとっては服従を意味しています。無理がないよう気長に教えていきましょう。

その1 気を引くものを使う

1 赤ちゃん犬を座らせ、ご褒美を見せる

まず、ご褒美を用意します。「すわれ」で赤ちゃん犬を座らせ、ご褒美を見せます。

2 ご褒美を鼻先に持っていく

ご褒美を赤ちゃん犬の鼻先に移動させます。

3 ご褒美を前方に移動する

そのご褒美をカーブを描きながら前の方に移動させます。

4 体を押える

赤ちゃん犬は、ご褒美につられて前脚をおり、胸を床につけるでしょう。頭を下げ体が伸びた状態になったら、軽く体を押えて「ふせ」の姿勢にします。

両前脚をたたんで「ふせ」を教える

うしろからおおいかぶさるようにして前脚を持ち、ゆっくりおりたたむ方法もあります。

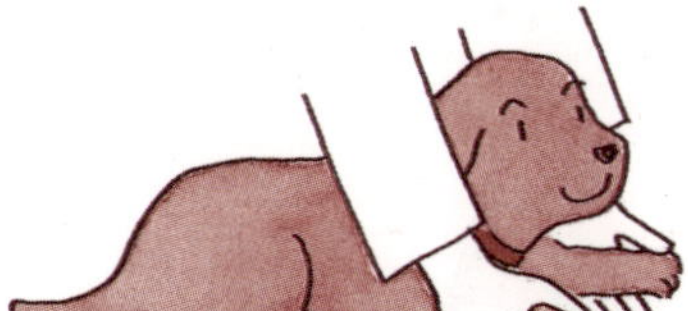

5 「ふせ」と声をかけ、ご褒美を与える

「ふせ」を教えましょう

その 2

ゲーム感覚で「ふせ」を教える

足でアーチを作り、そこをくぐらせながら「ふせ」を教えます。食べ物がまっているので赤ちゃん犬は楽しみながら学びます。

1 赤ちゃん犬を座らせる

まず、ご褒美を用意します。「すわれ」で赤ちゃん犬を座らせます。

2 足でアーチを作り、ご褒美を見せる

足でアーチを作り、反対側からご褒美を見せます。アーチをくぐらなければご褒美が手に入らない状況です。

3 ご褒美で誘導し、アーチの下をくぐらせる

ご褒美をみせながら、アーチの下をくぐらせます。アーチは回を重ねるごとに低くしていきます。

4 アーチをくぐっている時に上から軽く押える

「ふせ」の体勢になるよう、上から軽く押えます。

5 「ふせ」と声をかける

「ふせ」になったら「ふせ」と声をかけます。

6 ほめてからご褒美を与える

「よーし、よし」とほめてからご褒美を与えます。

LESSON 12

むだぼえを止めさせましょう

挨拶の「ワン！」はじめ、犬はほえてコミュニケーションします。問題になるのは、うるさくしつこくほえるとき。例えば、何か要求していたり、恐怖を抱いていたり、縄張りを主張していたり……。ほえる理由を考えて、冷静にしつけていきましょう。

何かを要求してほえる

食事が欲しい、散歩したい、ハウスからでたいときにほえてその通りになると、ほえれば思い通りになると学習します。一度、この回路ができると、要求を拒否してもほえ声はどんどんエスカレート。こんなときは、徹底的に無視。どんなにほえても無駄であることを教え込みます。

1 ほえて何か要求しても無視する

とにかく徹底的に無視します。「うるさい！」といった反応もせず、目も合わせません。つまり、「ほえても無駄」だとわからせます。また「天罰」を使ってびっくりさせてもよいでしょう。

2 静かになったら「すわれ」で座らせる

あきらめて静かになり、興奮もおさまったら、「すわれ」で座らせます。

3 座れたら、要求を通してほめる

きちんと座れたらほめて要求を通してあげます。

訪問者に対してほえる

訪問者に向かってほえるのは、テリトリーへの浸入とみなして警戒心からほえているか、怯えてほえている場合がほとんど。お客様（訪問者）に協力してもらってほえ癖を直しましょう。

1 赤ちゃん犬を落ちつかせる

「いけない！」と叱っても、興奮が高まるのでかえって逆効果。天罰でショックを与えます。気が取られた隙に「すわれ」で座らせて落ちつかせます。

2 お客様に食べ物を与えてもらう

敵ではないことをわからせるため食べ物を使います。目を合わせないようにしながら、赤ちゃん犬の近くに食べ物を投げてもらいます。何度かこれを繰り返します。なれたら手から直接食べさせます。

LESSON 13

お留守番になれさせましょう

群れで行動する犬は留守番が嫌い。孤独感のあまり、破壊行動に出たりトイレ以外の場所であてつけオシッコする場合があります。外出が特別なことではないことを教え、また、落ちついてお留守番できるよう、あなたがいない状況にならしていきましょう。

1 外出はさり気なく

「いい子にしてるのよ」「バイバイ」といった感じで別れを惜しむと、赤ちゃん犬は「さびしい」モードに入ってしまいます。あなたが在宅中でも一緒にいない時間はあるはず。「少し顔を見ない時間が長い」ニュアンスにすればよいのです。そのために、外出する前の30分くらいは無視して、さりげなく出て行くようにします。

×
いい子にしていてね…
ひとりにしないでよ～

2 帰宅後の再会を喜ばない

帰宅しても、再会を喜ばないようにします。「ただいま！」とおおげさに抱き上げたりしてはいけません。30分くらいは無視して興奮させないようにします。そうすれば「外出」は日常のヒトコマに変わっていき、次に離れるときも普通でいられます。

×
会いたかったよ～ん

外出になれさせるレッスン

外出のシチュエーションを作って、不安を覚えることなくお留守番できるようにならしていきます。

1 ハウスに入れ、外出する

赤ちゃん犬をハウスに入れたあと、外出するふりをします。はじめはごく短い時間から。家のドアを閉め10秒ほどまって鳴き出さなかったら、もどります。鳴き出したら鳴き止むのをまってからドアを開けます。鳴いているときにドアを開けると、鳴く→戻ってくる……と考えるようになるので禁物。ドアを開けてからも、しばらく近寄らずに、何か別のことをします。

POINT

別れの辛さに耐えましょう

ときには、人間の方が赤ちゃん犬べったりになる場合があります。別れを惜しみ、再会を喜ぶのは当然の感情ですが、あなたに依存するようになると赤ちゃん犬も不幸。あなたがいないと、ずっとストレスを感じるようになるからです。顔で無視して心で泣いて……人間も耐えなければいけないのです。

2 遊んであげる

興奮していたら興奮がおさまるまで無視して、興奮がおさまったら一緒に何か楽しいことをして遊びましょう。①〜②を繰り返しながら、じょじょに外出時間を長くしていきます。

LESSON 14

クルマでの移動にならしましょう

クルマ酔いする赤ちゃん犬はあんがい多いもの。酔わないようにじょじょにクルマにならしていきます。また、お医者さんに行ったあとは、楽しい出来事でバランスを取りクルマと嫌な体験が結びつかないようにしましょう。

1 クルマの中で遊ぶ

まずは、止まったクルマの中でひざの上に乗せ、遊んだり食べ物をあげたりします。手を離してみましょう。自分からクルマの中に降りて行ったらもうだいじょうぶ。

2 エンジン音を聞かせる

エンジンをかけて音にならします。このときもクルマは動かしません。なでて安心させましょう。エンジン音になれたらクラクション。「だいじょうぶ」と声をかけ、やさしくなでたり食べ物を与えながら落ちつかせましょう。

3

クルマで公園等に行き、そこで遊ぶ

いきなりの遠出は無理。まず、公園等、楽しい場所へ行って遊び、クルマと楽しい体験を結びつけます。それから、じょじょにクルマに乗っている時間を長くしていきます。また、実際にクルマを動かすときは、吐くことも考えられるのでタオルを用意します。クルマ酔いしやすい場合は、食事を抜いたり酔い止めのクスリを飲ませるとよいでしょう。

ケージなら安全な移動ができます

ケージに赤ちゃん犬を入れてクルマに乗せます。ケージの中なら振動も最小限になるし、何より、自分のお城ですから赤ちゃん犬もリラックスできます。急ブレーキで前のガラスに直撃したり、車内で暴れて運転を邪魔する危険も回避できます。

動物病院に行ったあとは楽しい体験を

クルマと病院での嫌な体験を結びつけないようにしましょう。安静にしている必要がある場合を除いて、公園に行ったり、車内でとびきりおいしい食べ物やおもちゃを与え、クルマに嫌な体験が結びつかないようにします。

LESSON 15

飛びつきが誤った愛情表現であることを教えましょう

うれしい、あるいは、愛情表現したい……こんなとき、赤ちゃん犬は飛びついてきます。悪気はないのですが、もし、大きくなってから飛びつかれると、子供や老人には危険だし、服も汚れます。飛びつくのが好ましくない表現であることを教えましょう。

1 「すわれ」のコマンドで座らせる

飛びついてきたら「すわれ」のコマンドで座らせます。興奮をあおってしまうので大きな声は出さないように。

2 コマンドに従ったら声でほめる

「よーし、よし」と声を使ってほめます。せっかくおさまった興奮が再燃する可能性があるので、なでずに、声だけでほめます。しばらくしてから遊んでやりましょう。

3 一歩うしろへさがり、横を向いて無視する

コマンドに従わない場合は、飛びついて来た瞬間に一歩うしろにさがったり横を向いて無視します。そうすれば赤ちゃん犬は脚をかけることができません。このときは、目も合わせません。また、悪気はないので叱ってはいけません。回り込んで飛びついてきたら、また、別の方向を向きます。こうしていると、赤ちゃん犬の愛情やうれしさも空回り。だんだん落ちついてきます。

POINT

天罰で対処する

飛びついてきたとき、ポン！と手ではじきます。このとき、目は合わせないように。あなたにぶつかってしまった、というニュアンスです。この不快感が続くと飛びつかなくなります。

4 再度、「すわれ」とコマンドする

落ちついてきたら、「すわれ」をコマンドします。うまくできたらほめます。この時も声だけで。しばらくしてから遊んでやったりご褒美をあげるようにします。愛情を拒否しているわけではないことを表現しましょう。

LESSON 16

あまがみを止めさせましょう

じゃれながらかむ、いわゆる「あまがみ」も愛情表現のひとつ。しかし、放置してはいけません。自由にかませていると、大きくなってからもかんだり、机の脚をかじる癖がつくからです。あまがみは全て止めさせましょう。

1 「天罰」で対処する

いわゆる「天罰」で対処します。かんできたら、横、あるいは下から（見えないように）ポン！と適度な痛さではじきます。目は合わせないように。

かみかみ
だって好きなんだもーん
かみかみ
ポンッ

2 指を喉に入れる

かみ癖が直らないときは、少し手荒ですが、かんでいる指を喉ちんこの奥まで入れます。かなり不快な体験なので、何度かこの体験をするとかまなくなります。

!!
UGU…
ぐ…

ボールであそぼ
よしよし

3 手で愛撫する

手＝嫌な体験にならないよう、その手を使ってスキンシップします。

第 5 章

赤ちゃん犬と遊ぼう！

ボール遊び、かくれんぼ、そして、鬼ごっこ。
好奇心いっぱいの赤ちゃん犬と遊ぶのは本当に楽しいもの。
ちょっとしたコツで、楽しく遊びながらしつけもできるのです。

ボール遊びで適度な運動をさせましょう

ボール1個あれば楽しめるボール遊び。全身運動になるので毎日適度に楽しみましょう。好奇心いっぱいで動くものを追いかける姿は真剣そのもの。犬の本能に目覚めているのかも……。

1 ボールをころがす

ボールをころがします。小さ過ぎるボールだとうっかり飲み込む場合があるので適度に大きいボールを用意します。

2 「こい」のコマンドを出す

ボールをくわえたら「こい」のコマンドを出して呼びます。

3 うまくできたら愛撫する

くわえてきたボールはすぐに取らないように。まずは、ほめたり愛撫してあげましょう。また、ボール遊びはあきるまでやらずに「もっとやりたい」状態で終わりにします。ボールはどこか所定の場所にしまいましょう。

かくれんぼで関係を深めましょう

赤ちゃん犬に隠れたあなたを探索させるゲームです。隠れたあなたを探し出すことで、結びつきを強くしていくことができます。

1 注意を引いてその場を去る

別の遊びで楽しんだ後、誰かに首輪を持ってもらい、あなたは「まて」とコマンドして部屋を出ていきます。

2 どこかに隠れる

カーテンのうしろや押し入れに隠れ、「よーし」と解除のコマンドを出し、赤ちゃん犬に探させます。見つけたら十分にほめてあげましょう。

ひっぱりっこで あごの力を 鍛えましょう

綱引きのようにロープを引っ張り合って遊びます。赤ちゃん犬のあごの力を鍛え、歯をきれいにする効果もあります。

1 ロープを与える

ロープを与えます。

2 かんでいるときに引っ張る

赤ちゃん犬は、すぐにロープをかみはじめるでしょう。ロープの一方の端を引っ張り、そのまま引っ張りっこします。

3 最後は奪い取る

はじめは少し勝たせて自信をつけさせましょう。最後は必ず、あなたがロープを奪い取るようにします。こうすることで、あなたの方が力強いことを認識させます。

鬼ごっこで「ついていく意識」を育みましょう

「たかが鬼ごっこ」ではありません。赤ちゃん犬に「追わせる」のと赤ちゃん犬を「追う」のではずいぶん意味が違ってくるのです。常に「追わせる」ようにします。

赤ちゃん犬の遊びたい気分が一番盛り上がっているのは、目を覚ましてトイレをすませた直後。あなたが逃げ出せば、すぐに追いかけてくるでしょう。しばらく逃げてまわり、一生懸命追いかけてきたらほめましょう。

POINT

あなたに注目し、ついてくるようにさせる

逃げるのはいつもあなたです。追いかけるという行為には、リーダーに注目しリーダーのあとについていくという意味があります。あなたが赤ちゃん犬を追いかけるパターンだと、赤ちゃん犬は、いつしかあなたを対等な立場で見るようになり、あなたの走る力を測ったり、優越感を持つようになります。

あなたの手の心地よさを教えましょう

触られることが心地よいことを教えます。あなたの手が好きになれば、手招きしたり手でコマンドを出しても即座に反応するようになります。触り方を知っていれば、じゃれあうときも効果的。

平らにした手のひらと指で軽くなでる。

1 リラックスする

ヒーリングミュージックをかけてもよいでしょう。遊び疲れたあとなどに、お互いリラックスします。

2 首のうしろからお尻にかけてさする

まずは、普通になでる感じで、首のうしろからお尻にかけてストロークします。

3 背筋をマッサージする

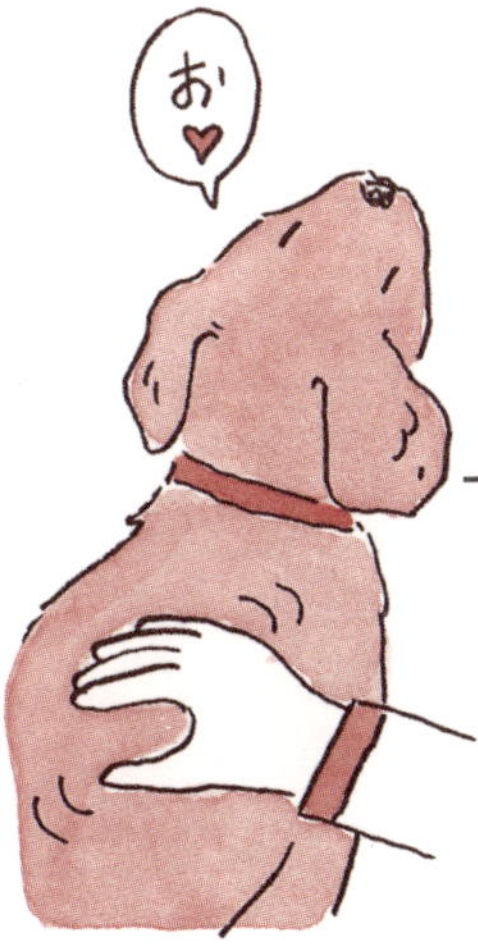

背中のなかほどで背骨の両脇に盛り上がった筋肉があります。ここは、犬の体のかなめ。筋肉痛にもなりやすいので、よくもんであげましょう。

4 全身をマッサージする

頭、首、肩、胸、お腹、脚と「触り方」を参考にマッサージするように触っていきます。痛かったり不快だと、赤ちゃん犬の体が緊張します。そうしたら力をゆるめ、じょじょにコツを覚えていきましょう。あくまで、やさしく穏やかに。声をかけてもよいでしょう。

5 耳の先、口、脚の指を触る

先端部分には神経が集中しているので嫌がる場合もあります。いきなり触るのではなくて、全身を触ってリラックスさせたあと、慎重に触っていきます。

食べ物探しで考える力を育てよう

野生時代の犬はエサを探して野山を歩いていました。簡単な探索ゲームですが、嗅覚をたよりにエサを見つけることは、赤ちゃん犬にとってもエキサイティングなはず。

1 食べ物の匂いをかがせる

少量の食べ物を赤ちゃん犬の鼻先につけ、匂いをかがせます。食べようとしたら「いけない」と制します。

2 食べ物を隠す

十分に食べ物に興味をもたせたあと、一人が首輪を持って動けないようにします。別の部屋にふたつの箱を用意し、どちらかに隠します。

3 食べ物を与えるのは「まて」のあとに

赤ちゃん犬を連れてきて、どちらの箱に食べ物があるか当てさせます。見つけたら「まて」でまたせたあと、与えます。

第6章

お手入れタイム

きれい好きな犬にするには最初が肝心。
定期的なお手入れは病気の早期発見にも役立ちます。
あなたと赤ちゃん犬がゆっくりスキンシップする時間……
お手入れタイムを楽しい時間にしましょう。

毎日のブラッシングは美容と健康の基本

ブラッシングは毎日するのが理想。皮膚病や体の異常の早期発見にもつながるし、適度な刺激が、毛づやだけでなく新陳代謝もよくしてくれます。

必要なもの	■獣毛ブラシ （赤ちゃん犬の皮膚はデリケートなので獣毛ブラシを使う） ■コーム（くし） ■ピンブラシ ■スリッカー
回　数	できれば毎日

1 準備

まずは、遊び感覚で嫌がらない部分（首や胸など）をブラシの背でこすりながらブラシにならしていきます。ブラシになれたら、少しずつ本格的なブラッシングをはじめます。

2 毛並みに沿ってブラッシングする

①になれたら、まず、首のうしろから尻にかけてブラッシング。そのあと、尾をもち上げて大腿部をとかします。ブラシを皮膚に垂直に当てて根元から毛先へとブラッシングします。

POINT

毛玉をほぐす

しばらくブラッシングしないと毛玉ができます。毛玉やもつれた部分はブラッシングで引っ張られると痛いので指でほぐします。ほぐれないときはスリッカーブラシですきます。

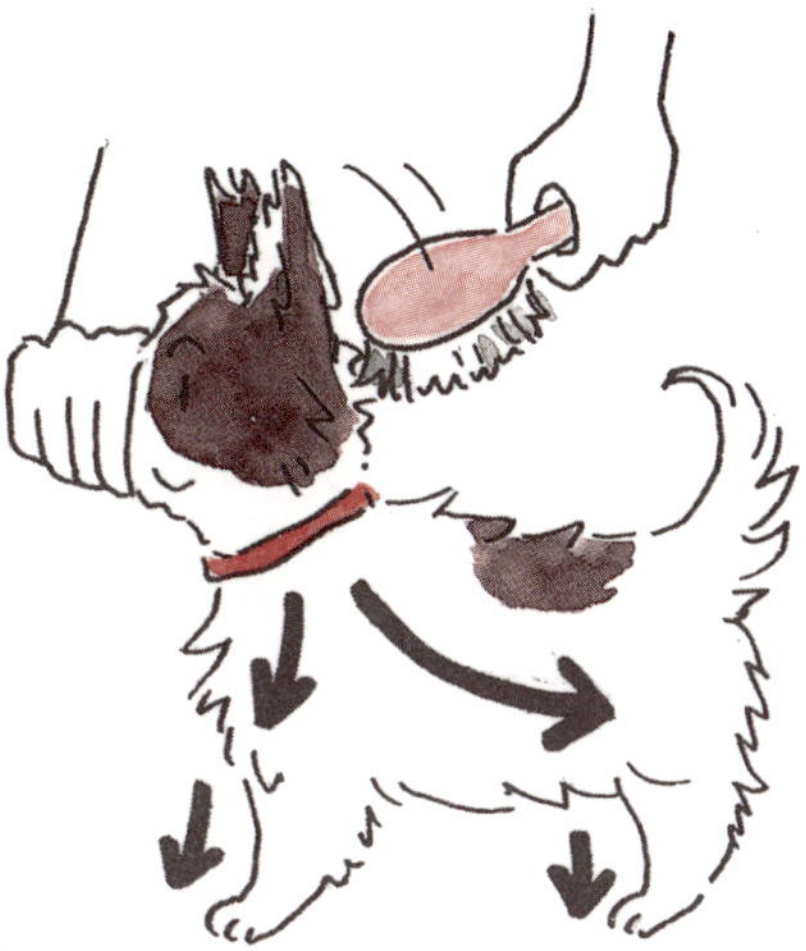

3 首～後脚までブラッシング

次に、首、胸、脇腹をブラッシングし、前脚、後脚へ。首、胸、脇腹をブラッシングするときにじゃれつくようなら鼻先や首のあたりを押えます。「まて」をコマンドしてもよいでしょう。春、秋は大量に毛が抜けます。ブラッシングも念入りに行なうようにします。

4 毛並みに逆らってブラッシングする

ブラッシングになれてきたら、毛並みに沿ったブラッシングのあと、毛並みに逆らってブラッシング。こうするとフケやゴミが浮かんできます。再度、毛の流れに沿ってブラッシングして、仕上げはピンブラシで。

5 くしでとかす

長毛犬はブラッシングのあとに毛の流れを整えます。まず、毛先をとかし、そのあと、根元からとかします。最初からくしでとかすと過剰に毛を抜くので、ブラッシングのあとにくしでとかすようにしましょう。

気持ちいいバスタイム

シャワーの音、シャンプー液、ドライヤー。赤ちゃん犬にとっては何もかもが刺激的な出来事です。バスタイムは何よりも怖がらせないことが大切。本来、体を洗ってもらうのは楽しい体験のはずです。細心の注意を払って気持ちよいバスタイムを！

必要なもの	固形石鹸、犬用シャンプー&リンス（PHが違うので必ず犬用を使います）、バスタオル、スポンジ、ドライヤー、入浴用ブラシ
回　数	月1〜2回。最初のシャンプーはワクチン後に。 ＊シャンプーを頻繁にすると、脂肪分が流されて毛づやが悪くなったり、皮膚炎を起こします。体調が悪いときや皮膚に異常があるときもシャンプーを避けましょう。

1 準備

体に触れられることとドライヤーの音にならしておきます。また、シャンプーの前にブラッシングして毛玉をほぐします。手際よくシャンプーするために、シャンプー液・リンス液を薄めておきましょう。

POINT

シャワーは、肌に指を密着させて

被毛には水をはじく力があります。シャワーするときはあなたの手のひらを被毛の下の肌に当て、指の間を開けて少し浮かせ、指で被毛をすくように動かしながらシャワーします。こうすれば水圧による痛みもなく被毛の根元までまんべんなくシャワーできます。

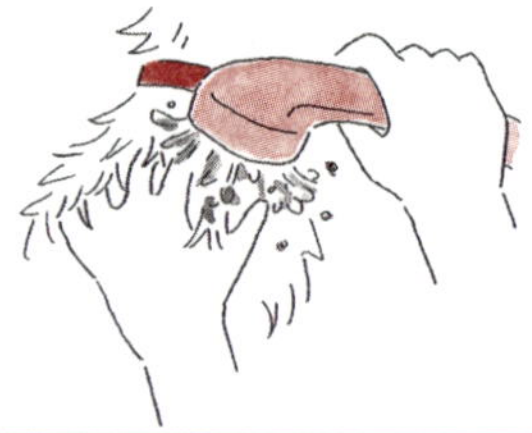

2 シャワーでぬるま湯をかける

耳の穴に、脱脂綿を詰めます。それから人肌の温かさのシャワーをかけていきます。しぶきがかかると嫌がるので、シャワーは体に押し付けるように。洗い方は、脚先→脚全体→背中→首→腹の順。頭はスポンジにぬるま湯を含ませて湿らせます。シャワーを嫌がる場合は、大きめの桶かバスタブに脚の長さの半分くらいのぬるま湯を入れて立たせ、スポンジを使って洗います。

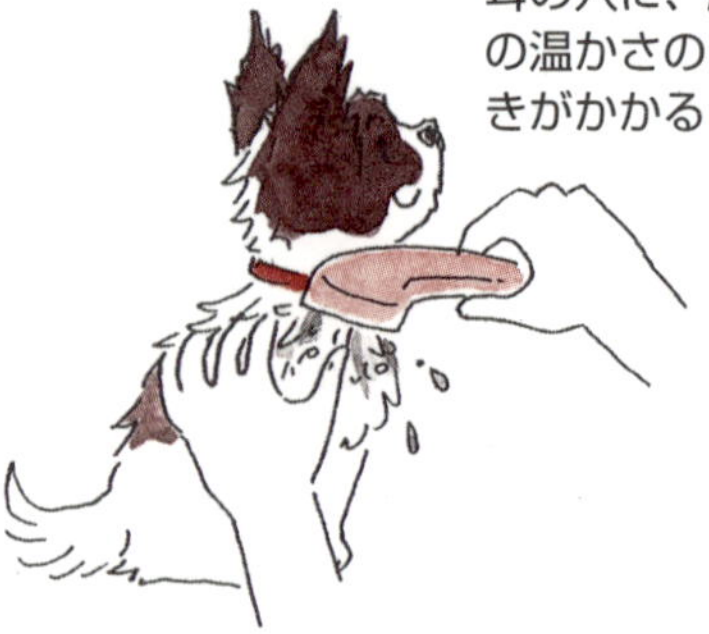

3 シャンプーする

次に、シャンプー液をスポンジにしみ込ませて洗っていきます。順番は2と同様。脚の指の間やお尻は汚れやすいので丹念に洗います。泡が目や鼻に入らないよう細心の注意を払います。やさしく声をかけながらシャンプーしてやりましょう。

だいじょうぶ
こわくないよ

4 シャンプーを洗い流してリンスする

シャンプー液を洗い流します。次に、薄めておいたリンス液を全身にかけ、しばらく時間をおいてからよく洗い流します。液が残ると皮膚によくないのですすぎは入念に。ここで耳の穴の脱脂綿を外します。

5 タオルでふく

耳に「ふっ」と息を吹きかけると、ぶるぶるっと体を振ります。水分を飛ばしたらバスタオルでふいてやります。

ブルブル
ふっ

6 ドライヤーで乾かす

ブラッシングしながらドライヤーで乾かします。ドライヤーを怖がるようなら、再度、耳に脱脂綿を詰めましょう。毛の根元まで温風が当たるようにしますが、熱くないよう注意してください。また、温風が顔に直接当たらないように。

ここちよひ

爪を切りましょう

爪の内部には血管と神経が並んで走っています。切らないと、爪はどんどん伸びていき、それに伴って神経や血管も伸びてしまいます。そうなると、爪を切ったときに深ヅメになりやすくなるので爪切りは定期的に行ないましょう。

必要なもの	ギロチン型爪切り、 やすり、止血パウダー
回　数	月1〜2回

1 準備

赤ちゃん犬がリラックスしているときに、脚の指を一本一本触るようにしてならしておきます。

2 血管と神経を確認する

シャンプーすると爪がやわらかくなるので、爪切りはシャンプー後にすると楽です。うしろから抱きかかえるように前脚を持ち、体全体でしっかり押えます。爪の内部に走っている血管と神経を確認します。爪の裏側から見た方が血管と神経は見えやすく、血管はピンク色に見えます。

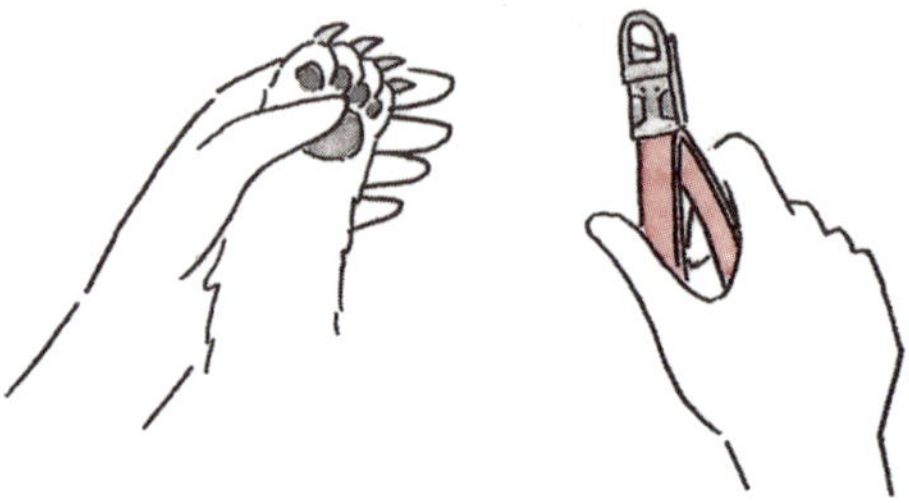

3 爪をカットする

ピンク色の血管から3mmくらい先のところを切りますが、動かないよう指の部分をしっかりおさえます。「まて」も使いましょう。イラストのようにカットしてください。

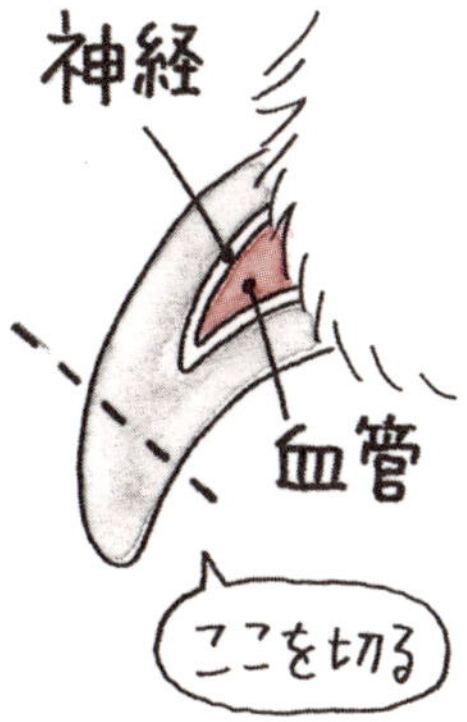

4 やすりをかける

やすりをかけて爪先を丸くします。やすりをかける手間を省くと爪が割れたりフローリングの床が傷ついたりする可能性があります。

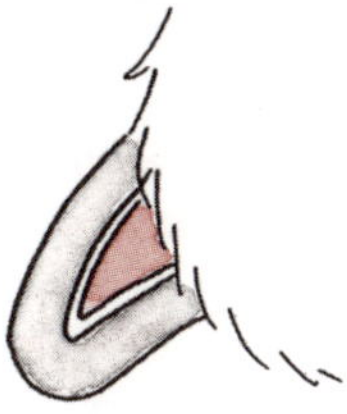

5 出血したときには……

出血したときはすぐに止血剤を塗って指の根元をしばらく圧迫します。脚先は、もともと、触るのも嫌がるくらいデリケートな部分。血管や神経を傷つけたりすると、次からは爪切りを拒否する可能性が高くなります。こんなことにならないよう爪切りには細心の注意を払いましょう。

耳もお手入れしましょう

耳も、とてもデリケートな場所。力をいれずにやさしくゆっくり手入れしてあげましょう。犬は耳の病気にかかりやすいので、耳のお手入れ時には状態もチェック。傷や炎症、ダニが寄生すると黒いかたまりがみられます。そんなときは獣医師に相談します。

必要なもの	イヤーローション、イヤーパウダー
回　数	2週間に一回

1 準備

耳のまわりを指でさわって、耳にさわられることにならしておきます。

2 耳の中の毛を抜く

耳の中の毛が伸びすぎると耳垢がたまって細菌が繁殖します。特に垂れ耳の場合は注意します。まず、親指と人さし指で耳の中の毛を抜きます。

3 耳の中を手入れする

耳をもち上げてイヤーローションをつけた脱脂綿か綿棒で耳の内部から耳端に向かって拭いていきます。やさしくなでるように。耳の穴が小さいときは綿棒でやさしく。イヤーローションを直接注入してもOK。

4

耳の付け根をもむ

耳の付け根をもみます。
こうすることで耳の内部
の汚れが取れます。

5 指にコットンをまいて汚れと湿り気をふく

耳の中の汚れと湿り気をふきます。湿気が残ると耳血腫になるので湿り気は十分取ります。

6 イヤーパウダーを耳の穴にまぶす

さらにイヤーパウダーをまぶして蒸れを防ぐようにすれば完璧です。

目、むだ毛、肛門嚢もお手入れしましょう

目、むだ毛、肛門嚢。忘れがちなこういったところも定期的にチェックしましょう。

目の手入れ

目ヤニが付いたり涙やけを起こしたりすることがあります。目のまわりもときどきチェックしてきれいにしましょう。

必要なもの	ウエットティッシュ、ガーゼ、洗浄液

普段の手入れ

手をよく洗ったあと、2%に薄めたほう酸水をガーゼに含ませて目尻から目元に向かって目の周囲を拭いていきます。

ゴミが目に入った場合

薄い食塩水か目薬で目を洗ってゴミを目の端に寄せます。それから、薄くて清潔なガーゼでゴミを除きます。自分で目をこすって角膜を傷つける可能性があるので早く処置しましょう。

肛門嚢を絞る

必要なもの	ペーパータオル、脱脂綿

肛門嚢に分泌液がたまると、場合によっては破裂することもあります。ここも定期的にチェックする必要がある場所。お尻を床に掻くように引きずっていたり、妙にお尻を気にしていたら肛門嚢を絞る時期です。

トリミング

定期的なトリミングも大切なお手入れです。特に、脚の裏の毛は長くなると滑って危険なのでバスタイムのときに、あわせてトリミングしましょう。

必要なもの	ハサミ、ブラシ、くし
回　数	月1〜2回。 シャンプーのときに一緒にカットしましょう。

肛門周辺、尿道口のあたり

毛が長いと汚れやすいので適当にカットします。

脚裏の肉球の間や指の間

滑って危険です。また、指間湿疹の原因にもなります。

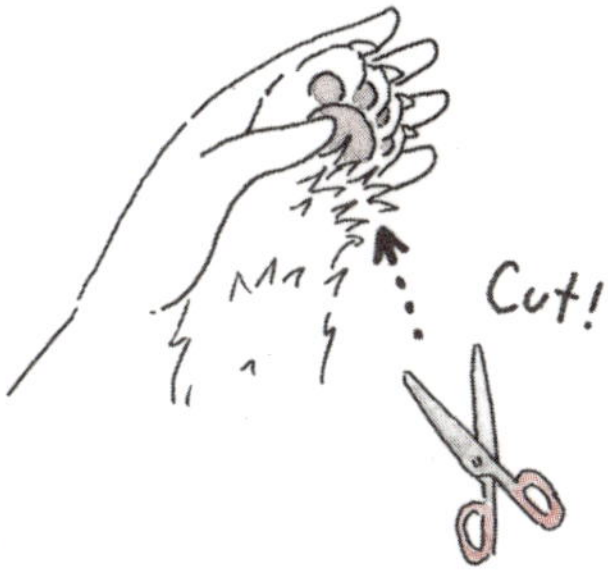

脚のうしろ側

ゴミを拾わないためここもカットします。

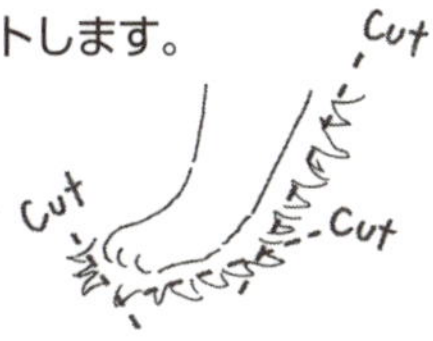

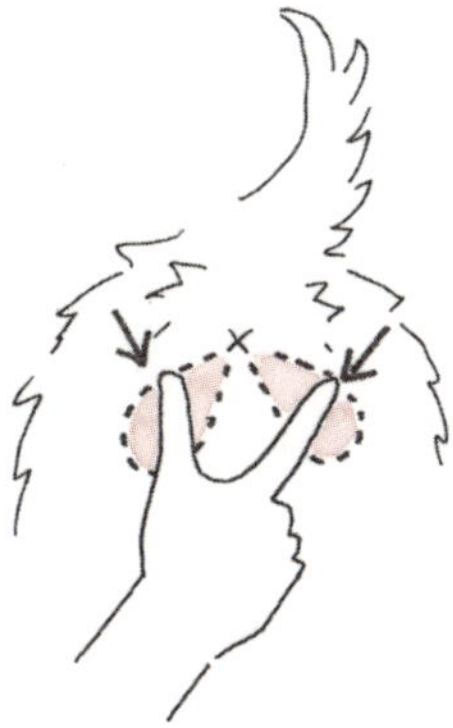

肛門嚢は肛門の横、4時と8時の方向にあります。初めてやる前は獣医さんの指導を受けるとよいでしょう。汚れても洗い流せるお風呂等で行なってください。まず、一方の手で尾を持ち上げます。反対の手の親指と人差し指で、ペーパータオルや脱脂綿を使って肛門の左右を下から上に押し上げます。そうすると勢いよく分泌液が出てきます。臭いので服などにかからないよう注意します。

歯を磨きましょう

犬にとって口はとてもデリケートな部分。大きくなってから歯磨きを覚えさせるのにはかなりの困難が伴います。歯磨きこそ赤ちゃん犬のときから……。口臭や歯周病も予防できるので、定期的に磨いてあげましょう。

必要なもの	ガーゼor紙歯ブラシ、幼児用歯ブラシ
回　数	週1回

1 準備

くちびるをあげる練習をします。まずは、胸元や首回りをなでて赤ちゃん犬をリラックスさせます。あごを押さえ、くちびるをもち上げてみます。また、上あごと下あごのつけ根を押すと口を開きます。そうしたら、口の中に指を入れて歯を触ります。じょじょに、前歯から奥歯まで触っていくようにします。

2 歯を磨く

人差し指にガーゼか紙歯ブラシを巻きます。くちびるをもち上げ、マッサージするように丁寧に歯垢をぬぐいとります。次に口を開けさせて歯の裏側を磨きます。歯石や歯周病の予防のために歯ぐきもマッサージしましょう。

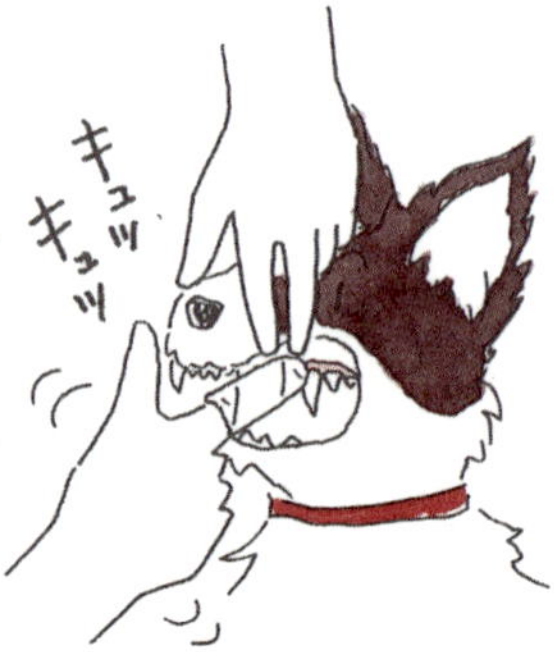

3 幼児用歯ブラシを使う。

ガーゼで歯を磨くのになれたら、今度は子供用の歯ブラシで歯を磨きます。

第7章

散歩に行こう！

歩調を合わせて赤ちゃん犬と散歩にいく。

何気なく歩いていた道もはじめて歩く道のよう。毎日の散歩を楽しいものにするために、リードやコマンドを効果的に使いましょう。

リードをつけましょう

散歩に出かける前にリードにならしましょう。初めはおそるおそる散歩に出かけていた赤ちゃん犬も、自信がつくと好奇心のおもむくままに行動するようになります。リードさえうまく扱うことができれば赤ちゃん犬の安全を確保できます。

1 首輪にひもをつける

首輪（84ページ参照）になれてきたらリードをつける前にひもで予行練習します。適当なひも（はじめは短いもの。じょじょに長くします）を首輪につけて自由に遊ばせます。これが第一段階。

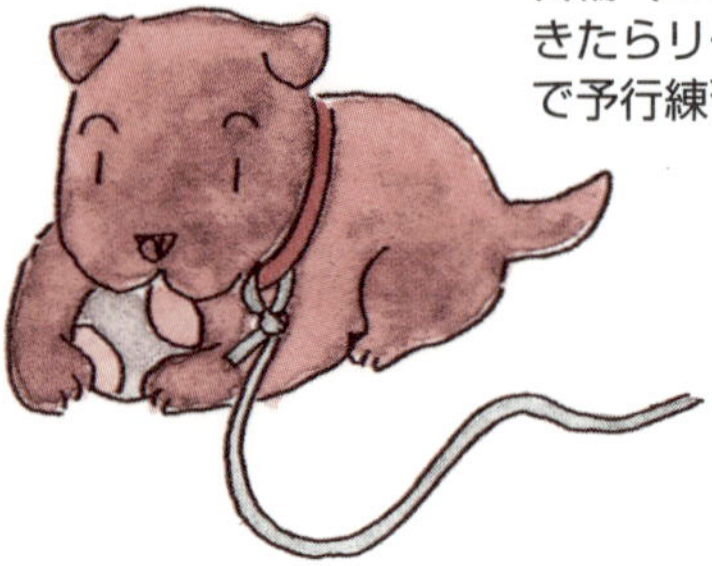

2 ひもをリードに変える

ひもになれたら食事や遊びといった楽しい時間の前にリードをつけ、その時間中、リードをつけておきます。リードをつける→楽しいことが起こる……こう関連づけることでリードに親近感が生まれます。リードが家具などにからまらないよう注意してください。

POINT

リードの長さは？

リードの長さは、犬種・大きさに関係なく180cm前後。体が大きくなる犬ほど太いものを選びます。

3 リードの端をもつ

リードに対する抵抗感がなくなったらリードの端をもち、そのまま、引き続き好きなように遊ばせます。リードはもつだけで引っ張ってはいけません。また、できるだけたるませます。首にショックがかかると、せっかくなれてきたリードに嫌な感情を抱くようになるからです。

かんで遊びはじめたら「いけない」と言ってやめさせます。ビターアップル（なめると苦い味がするかみグセ防止スプレー）をかけてかませないようにしてもよいでしょう。

4 名前を呼ぶ

リードの端を持ったまま、ご褒美を見せて名前を呼びます。

5 あなたのもとに来たらよくほめる

「よーし、よし」というほめことばと愛撫で迎え、ご褒美を与えます。そのあとは、また、自由に遊ばせてください。

リードをしたまま外へ出かけましょう

もっとリードにならしていきます。まず、リードをしたまま「鬼ごっこ」し、楽しい雰囲気のまま外に連れ出します。

1 赤ちゃん犬の注意を引く

リードをつけたまま、111ページの「鬼ごっこ」で遊びます。まず、なでて会話し、赤ちゃん犬の注意を引きます。

2 リードをもったまま逃げる

リードの端をもったまま逃げはじめます。追って来たらそのまま逃げます。

3 追いかけてきたらほめる

少し走ってから止まって十分にほめます。

4 外に出て家から少し離れる

抱き上げて外に連れていきます。家から10mくらい離れたら地面に降ろします。82ページのように、事前に散歩に出たとき地面に降ろすようにしていれば怯えることもないでしょう。

5 家に向かって歩く

家に向かって歩いていきます。無理に引っ張ってはいけません。走る必要もなく、鬼ごっこの延長のような遊び感覚で。少しずつ家までの距離を伸ばしていきます。

POINT

楽しい世界を広げる

リードでつながっているあなたと赤ちゃん犬。楽しく遊んでいる最中なら、新しい体験も比較的スムーズにできます。気分が乗っているときに世界を広げてやりましょう。

「つけ」を教えましょう

散歩にいくときに大切な「つけ」のコマンド。あなたが歩けば一緒に歩き、あなたが止まれば一緒に止まる。歩調を合わせて外の世界を一緒に歩く楽しさだけでなく、常にあなたを注目するようになるコマンドです。

1 「すわれ」で座らせる

赤ちゃん犬の右側に立ち、「すわれ」のコマンドで座らせます。

2 「つけ」とコマンドして歩きはじめる

足を出すのは赤ちゃん犬に近い左足から。歩きはじめたのがよくわかるようにします。

POINT

リードのもち方

リードは両手でもちます。図のように、両手の間、また、左手と赤ちゃん犬の間は、少したるませます。こうしておけば、例え、赤ちゃん犬に引っ張られて、左手と赤ちゃん犬の間のたるみがなくなっても、左手と右手の間のたるみでコントロールがかけられます。

3 話しかけながら、ご褒美でも注意をひく

話しかけるだけでなく、左手にご褒美を持ってひざもとでちらつかせ、赤ちゃん犬の気を引きます。

4 うまくできたらご褒美を与えほめる

うまくついてきたらご褒美を与えてほめます。少しむずかしいコマンドですが、「あなたと同じことをすればよい」ということを理解させましょう。

5 距離を伸ばす

少しずつ一緒に歩く距離を伸ばしていきます。

リーダーウォークで散歩のマナーを教えましょう

リードをつけたときは、リーダーのあなたに注目して一緒に歩く……散歩におけるマナーを学ばせましょう。勝手な方向に進んだらショックがかかる。しかし、きちんとついて歩けばほめられる。マナーさえ守れば散歩が楽しいものであることを教えます。

1

ご褒美なしで歩く

足をたたいて注目させ「つけ」とコマンドを出します。やさしく話しかけながら歩きはじめましょう。

2

引っ張ったらその場で立ち止まる

先に歩いて行こうとしたり、何かに気を奪われて好きな方向へ向かおうと引っ張ったらその場で立ち止まります。自然に、赤ちゃん犬の首にショックがかかります。

3 別の方向を向く

赤ちゃん犬がふりかえってリードがゆるんだら別方向を向きます。このとき、目を合わせないようにします。

4 別方向に歩き出す

無言で別方向へ歩き出します。

5 「つけ」がよくできていたらほめる

赤ちゃん犬があきらめて、ちゃんとついてきたら十分にほめます。あなたの方を気にしながら歩くのが理想です。

リードを使って「すわれ」を教えます

リードをしたまま「すわれ」ができれば、道でほかの犬に飛びかかろうとしたときや横断歩道で、座らせて危険を回避することができます。

1

赤ちゃん犬の右に座る

リードはたたんで適度な張り具合。赤ちゃん犬の横に座って、空いている手をお尻に当てます。

2

リードを上の方に持ち上げ、お尻に当てた手も押す。

赤ちゃん犬の顔が持ち上がるよう、リードを上方に持ち上げ、お尻に当てた手を押します。

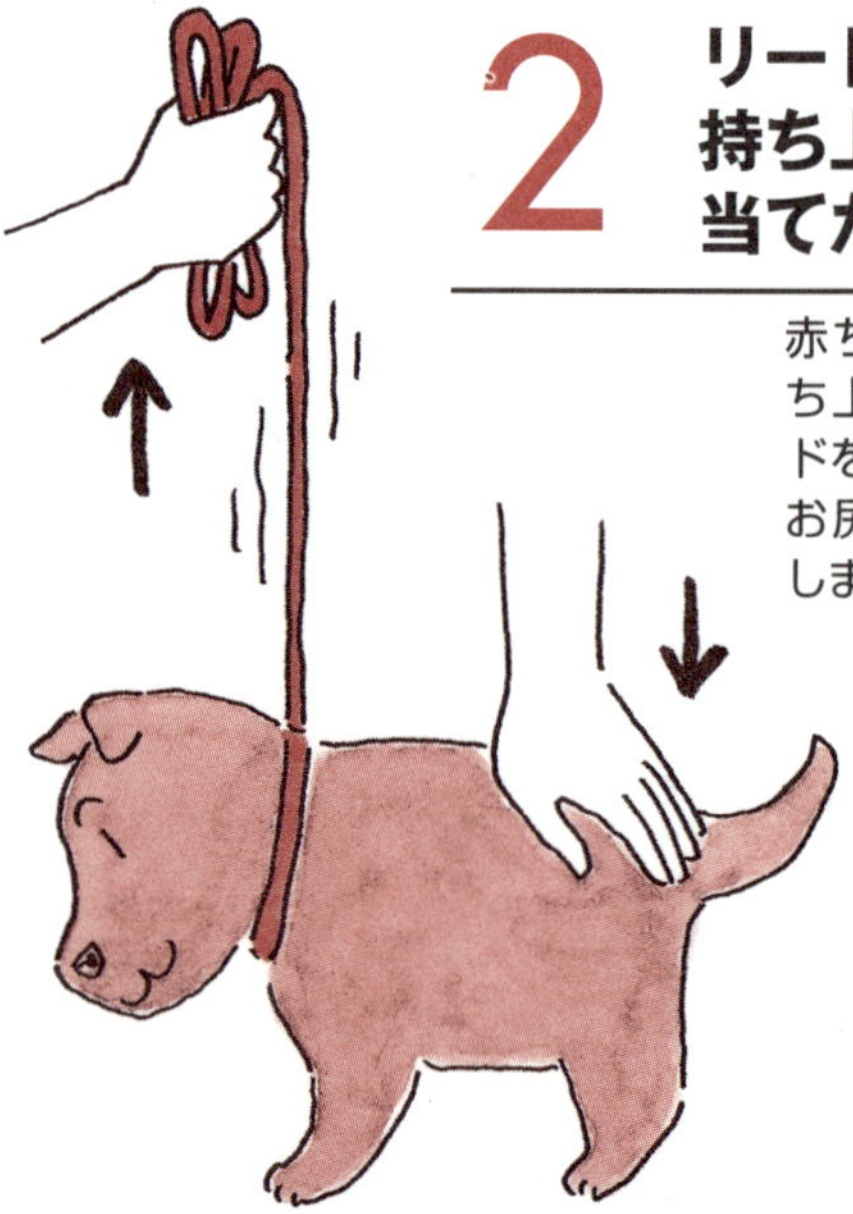

3 座った瞬間「すわれ」と声を掛ける

うまくできたら、体勢を崩す前によくほめてあげます。

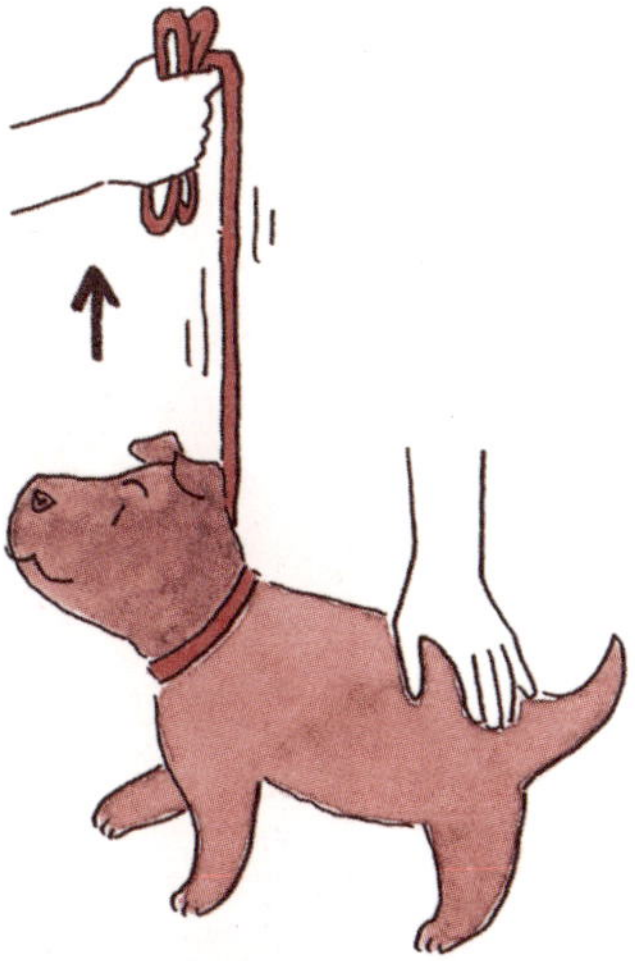

4 座らない場合は、リードをもっと上に引っ張る

うまく座らないのは、リードを引っ張る力が弱いから。顔が上を向けば、自然と腰が折れていきます。

Step Up

静かな場所でよくコマンドに反応するようになったら、気の散る場所……例えば、公園等でも座れるようにします。

リードを使って「まて」を教えます

散歩に必要なもうひとつのコマンド「まて」を教えます。落ち着いてまてるようになれば、買い物のとき店先でもまてるようになります。

1 「まて」のコマンドをだす

「すわれ」のコマンドで座らせ、次に「まて」のコマンドをだします。

2 まてたらほめる

2〜3秒まてたら、よくほめます。

3 「まて」といいながらうしろに一歩さがる

そのまま、もう一度「まて」のコマンドを出し、うしろに一歩さがります。

POINT

動いてしまうとき

どうしても動いてしまうときは「まて」とコマンドしながらリードをほどよく引っ張ってみます。赤ちゃん犬は、リードを引っ張られると、心理的に引っ張り返そうとします。つまり、その場所から動かないわけです。

4 まてたら もどってほめる

うしろにさがっても、まつことができたらもどってほめます。

5 少しずつ距離を伸ばしていく

少しずつ赤ちゃん犬との距離を伸ばしていき、最後はリードいっぱいまで離れて「まて」をさせます。

Step Up

「まて」をコマンドしながら座っている赤ちゃん犬のまわりを回ります。動いてしまわないよう何度も「まて」をかけましょう。ちゃんと覚えるまで、コマンドは何度かけてもかまいません。

リードでショックをかける

リーダーウォークで、赤ちゃん犬はある程度、散歩のマナーを学んでいきます。ところが、散歩には刺激がつきもの。勝手に前に行ったり離れたらショックをかけていきましょう。しかし、これは、あくまで合図。あまりに強くショックがかからないように。

1 赤ちゃん犬がリードを引っ張って前にいこうする

赤ちゃん犬があなたのひざ先より前に出ようとします。

2 リードを一瞬ゆるめる

腕を前にふってリードを瞬間的にゆるめます。

POINT

リードのもち方

ショックは手首のスナップを効かせます。親指が下を向いていると力が入りません。

○

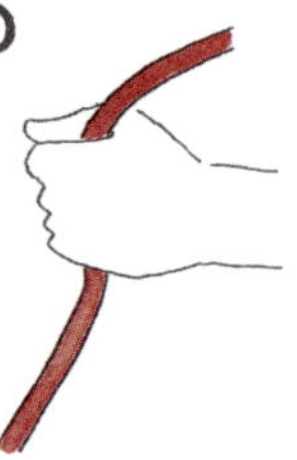

3

素早く ショックを与える

リードがゆるんでいる間に、クイッと素早く下に引っ張ってショックを与えます。不快感と合図の中間くらい。強過ぎても弱すぎてもいけません。

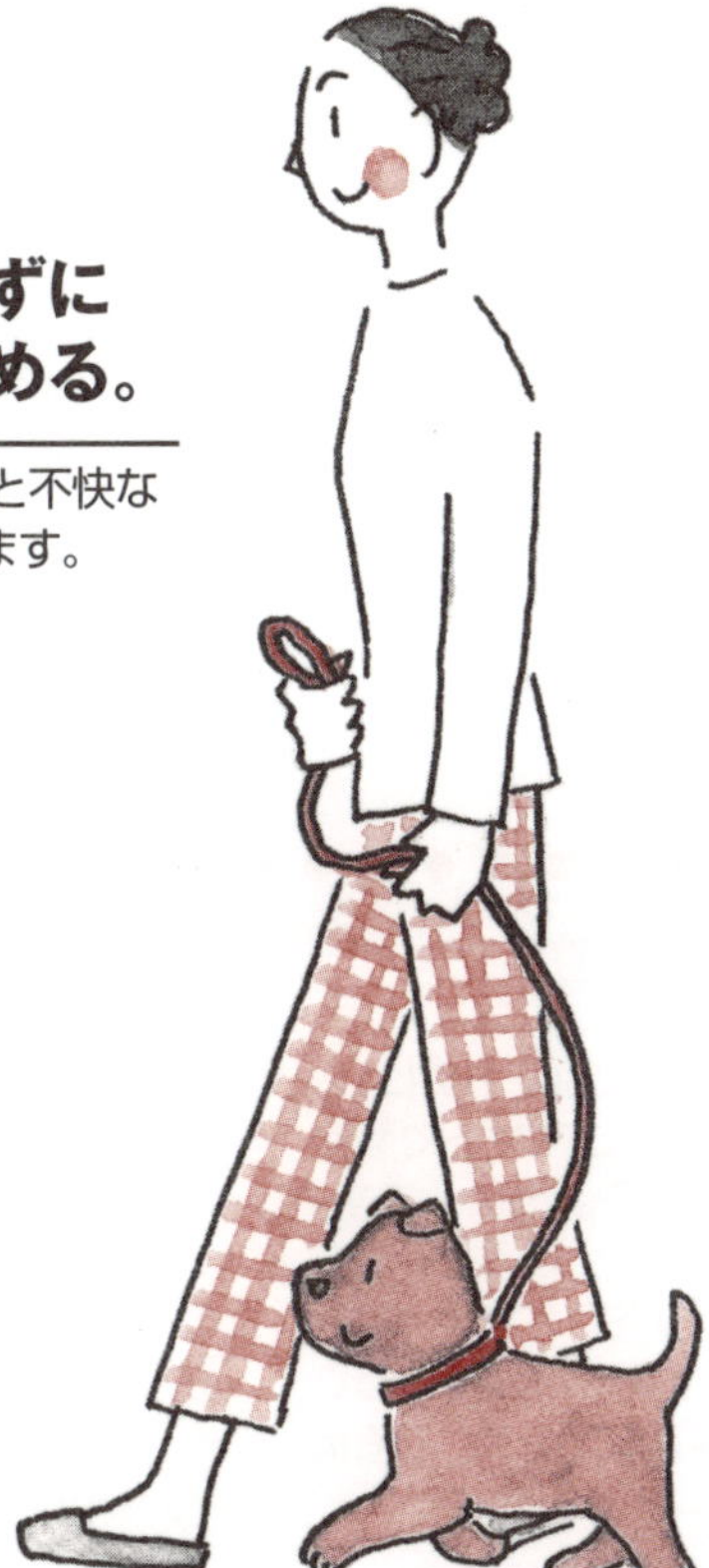

4

ことばはかけずに リードをゆるめる。

あなたより先に進もうとすると不快なことが起こる。そう関連づけます。

POINT

ショックは 距離が離れる 前にかけましょう

左手だけでリードをもっているとき、赤ちゃん犬が離れてしまいリードがピンと張るとショックが効かなくなります。こんなときは腕を十分に伸ばしてたるみを作ってからショックをかけます。

散歩先での問題に対処しましょう

散歩先では、予期しない出来事がいろいろ起こります。代表的な問題とその対処法です。

散歩に行く前に用意するもの

新聞紙をはじめ、ウンチを始末するものを持っていくのは最低限のマナー。赤ちゃん犬がウンチしそうになったらお尻の下に新聞紙を敷きます。便がうまく新聞紙に乗らない場合もあるのでシャベルも持っていきましょう。今は、ウンチが簡単に処理できるビニール製の手袋も売られています。また、しつけ用や注意を引くためにおもちゃやフードも持っていきましょう。

追いかける

犬には走り去るものを追いかける本能があります。散歩中、自転車やクルマを追いかけようとする犬もいます。危険なのでリードでショックをかけて制止します。また、「すわれ」のコマンドで座らせると興奮もおさまります。効果的なのは食べ物。食べ物に注目させて興奮を抑えます。

横断歩道

横断歩道では、「すわれ」「まて」のコマンドで静かにまたせるようにします。もし、立ち上がるようならショックを与えます。横断歩道は危険な場所であることを緊張感を示すことで伝えましょう。

うっかりリードが外れて逃げたとき

追いかけると逃げていくので、逆に名前を呼びながらあなたの方が逃げます。

水たまりの水はダメ！

水たまりは細菌の巣窟です。絶対に飲ませないようにしましょう。特に、梅雨シーズンと夏は注意します。散歩のときは水をもっていくようにしましょう。

座り込んでしまう

外の刺激が怖くて座り込んでしまうのでなければ、歩き疲れたか、脚の裏がすれて痛くなっているかのどちらか。たぶん、歩く距離もこのあたりが限界です。少し休み、次からは散歩の距離をもっと短くしましょう。

いつも抱いて帰るようだと「抱き癖」がついて依存心も強くなります。赤ちゃん犬の順応性に合わせて歩く距離を考えましょう。

拾い食い

口に入れてからでは効果がありません。拾い食いする前に「いけない」で止めさせます。そして、その場を離れてからちゃんとした食べ物を与えます。つまり、あなたの手から渡したものであれば食べてよいことを思いださせます。

普段から、おもちゃや食事の与えっぱなしをしないようにすることも大切です。

ほかの犬に出会ったとき

散歩中、もっとも問題が起きやすいのはほかの犬と遭遇したとき。攻撃的になってしまうときも、怯えてしまうときも、あなたが毅然とした態度で対処すれば問題はなくなっていきます。

ほえたり攻撃しようとする

1 ショックを与える

散歩中に他の犬にほえたり攻撃しようと近付いていったら、「いけない！」と言ってリードでショックを与えます。

2 注意をそらす

おもちゃや食べ物で注意をそらします。

3 座らせる

「すわれ」のコマンドを出して、座ったらご褒美を与えます。

怯えてしまう

1 注意を引く

反対側から犬がきて怯えているようなら、おもちゃやフードで注意を引きます。

2 座らせる

「すわれ」のコマンドを出して、座ったらご褒美を与えます。

3 声をかけ、なでる

体をなでながら行き過ぎるまで「だいじょうぶ」と声をかけてあげます。

POINT

この人と一緒なら安心

狂暴そうな犬が前から来ても、回り道したり抱き上げたりしないこと。あなたさえ毅然としていれば、赤ちゃん犬も安心します。何度かこういう体験をすれば怯えなくなります。

外でのトイレを教えましょう

散歩先でのトイレの教え方です。このしつけをしないと外でも排泄禁止だと思い込み、散歩に行っても、がまんにがまんを重ね、家に着いたらトイレに一目散…ということになりかねません。

1 外出前にオシッコをスポイトで取る

赤ちゃん犬がペットシーツでしたオシッコをスポイトで取っておきます。

2 散歩にでかける

散歩を何回か体験したあと、朝でも昼間でも目覚めたと同時に散歩に出かけます。

3 外でのオシッコを教える

迷惑にならない場所でスポイトの中のオシッコをたらします。「自分の匂い」だとわかるので、赤ちゃん犬はそこでオシッコします。ここで威力を発揮するのが「オシッコ」ということば。スポイトからたらした場所をクンクンと嗅いでいる時、「オシッコ」と声をかけます。自分のオシッコの匂いといつもほめられている言葉で、ここでトイレしてよいことがわかります。

POINT

庭でしつける

もし適当な庭があれば、庭でもこのしつけを行うことができます。トイレとハウスを分離したあと失敗がないようであれば、庭先で外でのトイレを教えましょう。

4 十分ほめる

うまくできたら十分にほめてやります。

犬小屋の作り方

触れ合うという意味では、室内犬として飼うのが好ましいのですが、ある程度大きくなったとき、あるいはやむをえない事情で犬小屋で犬を飼うことになる場合があります。

犬小屋について

金網等で囲み、自由に運動できるスペースがある犬小屋だったら申し分ありません。寝起きするだけの犬小屋の場合でも、最低、中でゆったり横になれるスペースが必要です。屋根は取り外しできるものにして、晴れた日には犬小屋の中を掃除して日光消毒しましょう。床と地面には10cmほどの隙間をあけて風が通るようにします。こうしないと梅雨時などに病原菌の温床になってしまいます。

犬小屋を置く場所には十分注意する

犬が苦手なのは暑さ。犬小屋は、直射日光が当たらない場所に置くようにします。しかし、十分な日当たりは必要。風通しがよくて涼しく、湿気が少ないことも大切です。北風と西日、直射日光を避けるために、入り口は南東に向けます。また、できれば、リビングルームのそばといった人けがあって、あなたや家族の顔を見ることができる場所にしましょう。

第 8 章

赤ちゃん犬の健康管理

何といっても赤ちゃん犬はか弱い生き物。毎日、よく観察して
病気のサインがあったらすぐに獣医さんのところに行きましょう。
赤ちゃん犬の健康管理はあなたの大切な仕事です。

栄養とエネルギーが不足しない食事を与えましょう

赤ちゃん犬の小さい体は、たった1年半〜2年でおとなへと成長します。そのため、この時期には多くのエネルギーと栄養素を必要とします。

赤ちゃん犬の体は栄養を必要としています

赤ちゃん犬の体は、タンパク質やカルシウムを成犬よりも多く必要とします。生後2〜3ヵ月齢の赤ちゃん犬の体重１kgあたりに必要なカロリーは、成犬の約２倍。

急激に成長するので、特に、4〜5ヵ月齢までは、体重の割に多くのエネルギーと栄養素を必要とするのです。

赤ちゃん犬の体に合ったドッグフードを

赤ちゃん犬の体はバランスのよい栄養を必要としているので、赤ちゃん犬の間はバランスを考えて作られているドッグフードを与えるのが無難です。成犬用のドッグフードでは栄養不足になるので、赤ちゃん犬用に調整されたフードを与えてください。必要以上にカルシウム剤などを加えると、かえって栄養過多となって代謝障害による病気を引き起こします。

初めは、前の飼い主が与えたものから…。

最初の一週間〜10日は、前に飼われていた場所と同じ食べ物を与えます。環境に加えて食事内容まで変ったら、赤ちゃん犬にかかるストレスが強くなり過ぎます。ドライの場合はお湯でふやかします。ミルクは犬用ミルクを。赤ちゃん犬が環境になれたようなら、新しい食べ物にならしていきます。まず、2割程度新しい食べ物を混ぜ、便の状態を観察しながら量を増やしていきます。

4ヵ月以降はドライフードもそのままでOK。永久歯が生えてきたら成犬用に切り替えます。

食事回数は3〜4回

赤ちゃん犬は成長するために多くの栄養とカロリーを必要としますが、一度に多くの量を食べることができません。そこで、1日3〜4回に分けて与えます。生後4ヵ月を過ぎた頃から、様子をみながら昼に与える量を徐々に減らしていき、7〜10日間かけて朝晩2回にしていきます。

下痢をしたり吐くときには

食べさせる量が多かったり、急に食事内容を変えると、下痢をしたり食べたものを吐いてしまうことがあります。食欲があって体調もよさそうなのに、下痢したり吐くときは1回の量を減らして様子をみてください。

便が柔らかかったり下痢気味のときは、消化できないでいるか食べ過ぎ。離乳期が終る2〜3ヵ月は消化機能も弱いので下痢しやすい時期です。

ワクチンをきちんと受けましょう

狂犬病ワクチンを受けることは法律で定められていますが、混合ワクチンの接種を怠ると恐ろしい感染病にかかってしまうことがあります。

ワクチンの時期

母乳の中には、様々な病気に対する抗体（移行抗体）が含まれており、これを飲んだ赤ちゃん犬にはそれらの病気に対する抵抗力がつきます。特に、出産後すぐに分泌される初乳は大切なもの。しかし、その力はワクチンも無効にしてしまう可能性があります。

1回目のワクチンが無効になるかならないかには個体差があるのですが、ワクチンの確実性を高めるためにワクチンは２回接種します。標準的なスケジュールとしては生後60日と90日の２回、パルボに関しては生後120日頃にもう一度接種しておくほうが無難です。基本的に、ワクチンの効果は約１年なので、毎年１回のワクチン接種をしてください。

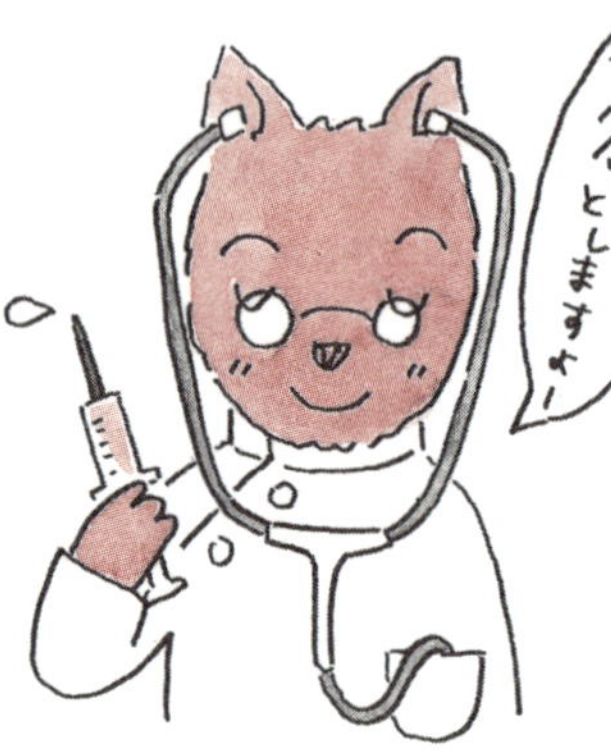

気をつけること

ワクチン接種は体調のよいときに。環境が変わって1週間は避けてください。

ワクチン接種後約2週間ほどで免疫が完成します。赤ちゃん犬の場合、ワクチンスケジュールが完了するまでは病気に感染しないよう注意します。感染経路は、「病気の犬との接触」「病犬の排泄物」「人間の手や服を介して間接的に」などです。

知らない犬と接触させない、公園など多くの犬が集まる場所には行かないなどのほか、飼い主さんも外出先で見知らぬ犬に触ったりしないように気をつけてください。

ワクチンで予防できる病気

ワクチンで予防できるのは以下のような病気です。特に気をつけたいのはジステンパーとパルボウイルス感染症。赤ちゃん犬が病気で死んでしまうのはこのふたつが主原因です。

狂犬病	生後90日以上の全ての犬は、年1回狂犬病の予防注射を受けることが法律で義務づけられています。
パルボウイルス感染症	発熱、嘔吐、血便を伴う激しい下痢がみられます。急激に悪くなり、死亡することも多い病気です。伝染力が強いのも特徴。心筋型と呼ばれる突然死も見られます。
ジステンパー	高熱、目やに、鼻水、咳、下痢などの症状の他、神経症状（けいれんなど）を起こすこともあります。死亡率の高い恐ろしい病気。回復しても、後遺症が残ることがあります。
伝染性肝炎（アデノウイルス1型）	発熱、下痢、嘔吐、肝炎の症状が見られます。目が白く濁ることもあります。全く症状が見られないまま、突然死亡するケースも。
伝染性喉頭気管炎（アデノウイルス2型）	発熱、咳、くしゃみ、鼻水など、風邪のような症状が見られます。他のウイルスや細菌などの混合感染により、症状が重くなることがあります。
パラインフルエンザ	発熱、咳、鼻水、扁桃の腫れが見られます。他のウイルスや細菌などの混合感染により、症状が重くなることがあります。「ケンネル・コフ」と呼ばれる病気の主原因。
レプトスピラ感染症（コペンハーゲニー）	腎炎、肝炎を起こします。粘膜からの出血、黄疸などが見られます。人にも感染し、ワイル病という病気を引き起こします。
レプトスピラ感染症（カニコーラ）	腎炎、肝炎を起こします。汚染された水、犬の尿などが感染源。嘔吐や下痢の症状がみられ、腎不全となることが多い感染症。
レプトスピラ感染症（ヘブドマディス）	腎炎、肝炎を起こします。人のレプトスピラ病の原因菌により起こります。死亡することも多い病気です。

＊このほか蚊の出る時期にはフィラリア症の予防が必要です。フィラリア症の予防については獣医さんに相談してください。

日々の健康管理で病気のサインを見逃さない

少しだけ注意深く観察することで、病気の早期発見につながります。何といっても、赤ちゃん犬は、か弱い生き物。余裕があれば、定期診断してもらうとより安心できます。

健康診断に行きましょう

赤ちゃん犬が新しい環境になれてきた頃（1週間くらい）、一度動物病院で健康診断してもらいましょう。

- 寄生虫はいないか（便を少量持っていき、検便してもらいます）
- やせすぎ、太りすぎではないか
- 先天的な異常が隠れていないか
- そのほか、異常は見あたらないか等です。

＊獣医さんに定期的に診てもらえば総合的な診察をしてくれるので安心です。

赤ちゃん犬を観察しましょう

健康診断で異常がなければ、その「健康な状態」をよく覚えておいてください。「健康な状態」を知っていれば、病気のサインを見逃すことは少なくなります。

- 排泄物（量、色）
- 行動
- 目、耳、口の中の様子
- 全身の皮膚状態
- 匂い

＊視覚、触覚、嗅覚などフルに活用して観察してみてください。定期的に体重を測っていると体調変化の目安になります。

成長には運動が欠かせません

健康の維持と心身の成長には、栄養のほかに運動が必要になります。

急激に成長する赤ちゃん犬の体は、食べ物の量に見合った運動を必要とします。特に、大型犬は、ただ散歩する（ゆっくり歩く）だけでは運動不足になります。ボールを取ってこさせるなど、遊びながらできる運動を取り入れていきましょう。

体温を測りましょう

赤ちゃん犬の体温は健康時で39±0.2℃です。人間と同じで、赤ちゃん犬が病気かどうかは熱を測ることで判断できます。お尻の穴で測る場合とうちまたで測る場合があります。

● うちまたで測る場合

内またの付け根に体温計をあて、脚で少し腹部を圧迫するように測ります。

● 肛門で測る場合

まず、体温計の挿入部分にオリーブ油等を塗ってスムーズに入っていくようにします。なでてあげ安心させたあと、尻尾を持ち上げ、やさしく声をかけながら肛門に体温計を深くゆっくりさしこみます。

赤ちゃん犬もストレスを感じています

現代はストレス社会といわれますが、ストレスを感じているのは赤ちゃん犬も同じ。心の病にかからないよう「心」にも目を向けてあげましょう。

性格によってストレスの原因は違います

人間に飼われている犬たちは、犬本来の生活ではなく、人間に合わせた生活を送っています。飼い主さんがどんなによい人で、環境が最高だったとしても、赤ちゃん犬のストレスをゼロにすることは至難のワザ。しかし、赤ちゃん犬の性質をよく理解すれば、ストレスレベルを下げていくことはできます。

それぞれの赤ちゃん犬にも性格があります。甘えん坊の子と独立心の強い子では、ストレスの原因が違うのは当たり前。ある子には放っておくことがストレスで、ある子にはかまい過ぎることがストレスになります。性格に合わせたつきあい方が大切です。

ストレスのサイン

- 自分の体を頻繁に舐めたり、かじったりする
- 同じ動作を繰り返す（行ったり来たり、グルグル回る、等）
- 人や物を怖がる
- 凶暴になる（物を壊したり、人にかみついたりする）
- 音に過敏になる
- 下痢や嘔吐をする
- 食欲が低下したり、過食になったりする
- 脱毛
- よくほえる
- 失禁
- 震える

ストレスの原因

- かまいすぎ
- 触りすぎ
- 寝ているところを起こす
- 環境をコロコロ変える
- １日中うるさい、大きな音をたてる
- 変な臭いがする
- たたく
- どなる
- 運動させない
- 苦しい、痛いなどの状況で放置する
- 長時間ひとりにする

ストレスを癒すには…

空をかむ、自分の尾をグルグルと追いかける、自分の尾にかみつく、しきりに脚などを舐め、炎症が起きる等意味のない行動を繰り返す

やりたいこと（運動、スキンシップなど）ができなかったり、環境に適応できず、欲求不満でストレスになっていることが原因です。こういう場合は、充分な運動や散歩をさせて、犬本来の欲求を充足させたり、長時間放置しないで、一緒に過ごす時間をたくさんつくるようにします。

家族に対して、耳を前方に立てて、目を見開き、尾を立てて威嚇したり、かもうとしたりする

家族（群れ）の中で自分がリーダーだと思っているようです。リーダーは最初に物事ができ、快適さや、愛情への欲求も簡単に手に入れることができるもの。自分がリーダーだと勘違いしないよう、要求を簡単に実現させてはいけません。

例えば、すり寄ってきて、何かを要求してきたときには、おすわりや、ふせなどを一度させてから要求に答えます。また、ドアは、飼い主が通り抜けた後にくぐらせるようにします。散歩のときも、赤ちゃん犬に引っ張られないようにしましょう。

飼い主が外出してから30分以内に、ほえる、物を壊す、そそうをする

赤ちゃん犬があなたに依存していることが原因です。精神的に安定させることが重要で、外出時には大好きなおもちゃを与えます。また、テレビやラジオをつけたまま黙って出ていきます。こういう場合は、不安を助長するのでケージに閉じこめてはいけません。

赤ちゃん犬のSOS こんなときは動物病院へ連れて行きましょう

病気は何よりも早期発見が大切。普段から、食欲、排泄物、行動などを観察していれば、赤ちゃん犬の体の異常に気付くことができます。変化が見られたときは、動物病院へ行きましょう。

すぐに動物病院へ連れて行くべき症状

以下のような症状がみられたら、すぐに動物病院へ連れて行きましょう。

便

- 下痢が続く
- 水のようなひどい下痢
- 血便

下痢をすると、脱水症状が引き起こされます。軽い下痢の場合、元気があれば、飲水量に注意して2日ほど様子をみても構いませんが、いつもより元気がないと感じたら、動物病院へ。その際、少量（親指の爪くらいの大きさ）の便をプラスチックのケースなどに入れてもっていってください。

尿

- 血尿
- 頻尿（何度もトイレに行く）
- 尿が少ないor出ない

普段から、尿の「色」と「量」に注意してください。できれば、清潔な器で新鮮な尿を採取し、動物病院へもっていきます。尿を持参するときには、「いつ」「どのようにして」採取した尿なのか伝えてください。

3日間尿が出ないと動物は死んでしまうことも多いので、そこまで躊躇しないようにします。

嘔吐

- 何度も吐く
- 食べていないのに吐く
- 異物を吐く

ガツガツと勢いよく食べた後、食べたものを吐き出すことがあります。これは、心配いりません。吐いた後、ケロッとしていたり、吐いたものを食べたりするような場合はだいじょうぶです。
異物を吐いたときには、それを獣医さんに見せてください。回虫がたくさんいる場合には、白い回虫を吐くことがあります。

身体の異常

- 出血
- やけど
- 骨折
- 体の一部を痛がる（触らせない）
- 体の一部が腫れている
- 体の一部が熱い

あきらかな大ケガを除いて、小さな異常は見逃しやすいもの。人間の子供と同じように、赤ちゃん犬は予想外の行動をすることがあります。周囲に危険がないか、いつも気をつけましょう。

特に危険な状態

- ぐったりしている
- まっすぐ歩けない
- けいれん
- 高熱
- 呼吸困難（肩で息をするような感じなど）
- 口の中が紫色、または白い
- 意識がない

左のような状態になったら、一刻も早く病院で治療を受ける必要があります。動物病院に到着するまでにも、状態が悪化する可能性があるので、まずは電話をかけて指示を仰いでください。
そのためにも、緊急時に頼りになる獣医さんを探しておきましょう。

参考文献

『犬に遊んでもらう本』、『犬に遊んでもらう本2』（河出書房新社）、『犬の心の相談室』（主婦の友）、『デキのいい犬、わるい犬』（文藝春秋）、『イヌのサインを見逃すな』（アドスリー）、『カーミングシグナル』（海苑社）、『イヌの力』（平凡社）、『うちの犬がいちばん　賢く元気に育てるしつけ方』（小学館）、『この犬が一番！』（草思社）、『室内犬飼い方・しつけ・病気』（西東社）、『犬が教える子育ての本』（誠文堂新光社）、『子犬の飼い方・しつけ方』（大泉書店）、『犬と暮らす本』（秋田書店）、『犬のしつけは6か月で決まる』（マガジンハウス）、『DOG FAMILY4』（ネコ・パブリッシング）、『愛犬のしつけとマナーBOOK』（成美堂出版）、『愛犬の育て方』（新星出版社）、『ほめてしつける犬の飼い方』（池田書店）、『犬の行動と心理』（築地書館）、『犬の家庭教師』（WAVE出版）、『犬をはじめて飼う人のための本』（西東社）、『しつけの仕方で犬はどんどん賢くなる』（青春出版社）、『同伴犬の育て方・しつけ方』（日東書院）、『フォックス先生の犬マッサージ』（成星出版）、『しつけで困っていること、今すぐ解決！』（枻出版社）、『犬を選ぶためのカラー図鑑』（西東社）、『イヌの心理学』（白揚社）、『Smarter than you THINK』(Simon&Schuster)、『MOTHER KNOWS BEST』(HOWELL BOOK HOUSE)、『Communicating with animals』(Contemporary Publishing)、『The Intelligence of DOGS』(A BANTAM TRADE PAPERBACK)、

● 監修　**杉浦 基之**（すぎうら　もとゆき）
昭和42年生まれ。杉浦愛犬・警察犬訓練所所長。
ジャパンケネルクラブ、日本警察犬協会、日本シェパード犬登録協会公認訓練士。

杉浦愛犬・警察犬訓練所

第一訓練所　〒183－0013
東京都小金井市前原町4－4－34
TEL　042－381－5915
042－383－6949
FAX　042－382－9613

第二訓練所　〒412－0006
静岡県御殿場市中畑1344
TEL　0550－89－6577
FAX　0550－89－8077

犬の自主性を育み、犬が自分から喜んで命令を聞くようになる訓練を行っています。赤ちゃん犬の相談も受けています。

● 装丁　ISAOデザイン室

● 本文デザイン・DTP製作
中村かおり、鈴木真実、中田麻実
（津嶋デザイン事務所）

● 編集　三川　勇　笹川洋子

● 企画構成　山田雅久（F×W）

● イラスト　麻生直子

● 写真　SHI－BO（飯田 忍写真事務所）
赤ちゃん犬のポートレート撮影をしています。
詳しくは
http://www.petoffice.co.jp/shi-bo
をご覧ください。

● 協力　須崎恭彦

赤ちゃん犬のしつけと育て方

編者　株式会社主婦と生活社
発行者　中道 武
印刷所　共同印刷株式会社
製本所　株式会社若林製本工場
発行所　株式会社主婦と生活社
〒104－8357
東京都中央区京橋 3－5－7
編集部　03－3563－5321（代）
販売部　03－3563－5121（代）
振替　00100－0－36364

ISBN4-391-12484-X